"十四五"职业教育国家规划教材
"十三五"职业教育国家规划教材
职业教育规划教材·智能家居系列

智能家居
安装与控制项目化教程
（第二版）

ANZHUANG YU KONGZHI XIANGMUHUA JIAOCHENG

企想学院 编著

ZHINENG JIAJU

智能家居，让生活更美好

中国铁道出版社有限公司
CHINA RAILWAY PUBLISHING HOUSE CO., LTD.

北京

内 容 简 介

本书按照项目式教学的方式，以智能家居安装与控制实际项目作为主要讲解内容，理论描述充实、案例丰富详细、实训步骤清晰，基本涵盖了智能家居安装与控制项目中的所有重点和难点。本书中所有项目均可进行实训操练，并配套专业化实训设备，可满足读者实训学习、动手操练的需要。

本书是在上海企想样板操作间系统的基础上，以智能家居安装与控制实际项目为主要内容的进阶书籍。内容主要包括智能家居安防报警系统、智能家居环境监测系统、智能家居火灾预警系统、智能家居常用家电控制系统、智能家居照明采光系统和智能家居新风系统。这些系统的功能、相关技术、应用范围和系统的特点，在项目实训中都会得以体现。

本书适合作为各类职业院校物联网应用技术专业及相关专业的教材，也可作为智能家居爱好者的自学参考用书；同时，本书对相关领域的科技工作者和工程技术人员也有一定的使用和参考价值，可作为全国职业院校技能大赛中职组智能家居安装与维护赛项的备考用书。

图书在版编目（CIP）数据

智能家居安装与控制项目化教程/企想学院编著. —2版. —北京：中国铁道出版社有限公司，2022.3（2024.7重印）

职业教育规划教材. 智能家居系列 "十三五"职业教育国家规划教材

ISBN 978-7-113-28909-6

Ⅰ.①智… Ⅱ.①企… Ⅲ.①住宅-智能化建筑-自动控制系统-职业教育-教材 Ⅳ.①TU241

中国版本图书馆CIP数据核字（2022）第032627号

书　　名：智能家居安装与控制项目化教程
作　　者：企想学院

策　　划：汪　敏　　　　　　　　　编辑部电话：（010）51873135
责任编辑：汪　敏
封面设计：崔丽芳
责任校对：焦桂荣
责任印制：樊启鹏

出版发行：中国铁道出版社有限公司（100054，北京市西城区右安门西街8号）
网　　址：https://www.tdpress.com/51eds/
印　　刷：三河市兴达印务有限公司
版　　次：2017年11月第1版　2022年3月第2版　2024年7月第3次印刷
开　　本：787 mm×1092 mm　1/16　印张：12　字数：290千
书　　号：ISBN 978-7-113-28909-6
定　　价：46.00元

版权所有　侵权必究

凡购买铁道版图书，如有印制质量问题，请与本社教材图书营销部联系调换。电话：（010）63550836
打击盗版举报电话：（010）63549461

职业教育规划教材·智能家居系列
编委会
（排名不分先后）

主　任： 束遵国（上海企想信息技术有限公司）

副主任： 马　松（盐城机电高等职业技术学校）
　　　　　曹国跃（上海市贸易学校）
　　　　　杨宗武（重庆工商学校）

委　员： 张伟罡（上海市经济管理学校）
　　　　　王旭生（山东寿光市职业教育中心学校）
　　　　　张　榕（重庆工商学校）
　　　　　王稼伟（无锡机电高等职业技术学校）
　　　　　祝朝映（余姚市职成教中心学校）
　　　　　辜小兵（重庆工商学校）
　　　　　马高峰（余姚市职成教中心学校）

秘　书： 吴文波（上海企想信息技术有限公司）

序　言

根据《"十三五"国家战略性新兴产业发展规划》的精神，国家加快先进智能电视和智能家居系统的研发，发展面向金融、交通、医疗等行业应用的专业终端、设备和融合创新系统。智能家居系统通过物联网技术将家中的各种设备连接到一起，提供家电控制、照明控制、电话远程控制、室内外遥控、防盗报警、环境监测、暖通控制、红外转发，以及可编程定时控制等多种功能和手段。与普通家居相比，智能家居不仅具有传统的居住功能，还兼备建筑、网络通信、信息家电、设备自动化，提供全方位的信息交互功能。

自 2013 年起，全国职业院校技能大赛组委会同意设立智能家居安装与维护赛项，经过八届的成功举办，参赛学校由最初的 38 所到现在的 120 所，覆盖全国 20 多个省市，本届参赛选手加上指导教师超过 300 人。智能家居安装与维护赛项专家组响应大赛组委会以赛促建、以赛促学的精神，积极做好成果转换工作，组织编写了智能家居安装与维护等系列教材，供广大教师日常教学使用，以便进一步推进学校的专业建设和课程建设。

本系列教材具有以下特点：

（1）教材结构采用项目驱动方式进行，适应学生的学习习惯。

（2）教材设立场景与真实场景相关联，有助于提升学生的学习兴趣和解决实际问题的能力。

（3）教材内容覆盖面全，基本涵盖了智能家居涉及的物联网技术，可为后续学习数据分析打下较扎实的基础。

本系列教材的编写，凝聚了大量一线职业教育教师和企业工程师的智慧，体现了他们先进的、与实际应用接轨的教学思想和理念，同时也得到了全国工业和信息化职业教育教学指导委员会和中国铁道出版社有限公司的大力支持，在此一并表示感谢。

希望广大师生在系列教材的使用过程中提出宝贵意见和建议，从而不断完善教材及其支撑内容，为智能家居行业的发展培养更多具有创新能力和创新精神的优秀复合型人才。

智能家居安装与维护赛项专家

徐方勤

2021 年 9 月

前言

  计算机科学与技术日新月异的发展，为人们的生活带来了巨大的变化和无限的可能，物联网的高速发展也让"智能家居"这个崭新的名词进入人们的视线中。"智能家居"是以住宅为平台，利用综合布线技术、网络通信技术、智能家居系统安全防范技术、自动控制技术、音/视频技术等将与家居生活有关的设施集成，构建高效的住宅设施与家庭日程事务的管理系统，提升家居安全性、便利性、舒适性、艺术性，并实现环保节能的居住环境。2021 年 9 月工信部发布的《物联网新型基础设施建设三年行动计划（2021—2023 年）》，也明确将智能家居列入九大重点领域应用示范工程中，国家对智能家居这一新兴产业的扶持政策，对于智能家居业来说是一个大好的机会，国家对于物联网等新兴产业的扶持，无疑也是对智能家居行业的促进。与此同时，智能家居的低成本、低功耗和绿色生活理念，也与打造绿色建筑相融合。未来几年，智能家居行业将进入发展的黄金阶段，这也对我国智能家居行业的人才培养提出了更高的要求。

  为了满足社会对智能家居行业人才的需要，为了让更多的人才可以更快、更有效地学习实用的智能家居理论、技术和操作，我们编写了本书。

  本书以上海企想样板操作间系统作为项目环境，并以智能家居安装与控制作为全书的主要讲解内容和实际开发项目，有利于读者对于智能家居安装与控制项目的实训学习，并提高动手操练能力，同时也为全国职业院校技能大赛智能家居安装维护赛项的参赛者提供了智能家居安装与控制方面的辅导。

  本书内容共分为八个项目：

  项目一详细介绍了常见的智能家居系统及其内部结构。

  项目二介绍了智能家居安防报警系统的功能、应用和内部传感器，并讲解了安装实训和移动终端控制实训的主要步骤。

  项目三介绍了智能家居环境监测系统的功能、应用和内部传感器，并讲解了安装实训和移动终端控制实训的主要步骤。

  项目四介绍了智能家居火灾预警系统的功能、应用和内部传感器，并讲解了安装实训和移动终端控制实训的主要步骤。

项目五介绍了智能家居常用家电控制系统的功能、应用和内部传感器，并讲解了安装实训和移动终端控制实训的主要步骤。

项目六介绍了智能家居照明采光系统的功能、应用和内部传感器，并讲解了安装实训和移动终端控制实训的主要步骤。

项目七介绍了智能家居智能新风系统的功能、应用和内部传感器，并讲解了安装实训和移动终端控制实训的主要步骤。

项目八介绍了上海企想智能家居样板操作间系统的内部结构、配套设备和相应传感器，并讲解了安装实训、服务器配置实训和移动终端控制实训的主要步骤。

本书建议学时为64学时，具体如下：

教学内容	建议学时
项目一　智能家居整体体验	10
项目二　智能家居安防报警系统	8
项目三　智能家居环境监测系统	8
项目四　智能家居火灾预警系统	8
项目五　智能家居常用家电控制系统	8
项目六　智能家居照明采光系统	8
项目七　智能家居新风系统	8
项目八　上海企想智能家居样板操作间系统综合实训	6

本书第一版已评为"十三五"职业教育国家规划教材，修订后，在上一版的基础上更新了相关内容，并增加了配套微课视频，更有利于读者进行实践操作，也更适合作为职业院校智能家居、物联网等相关专业或课程的教材。

本书由企想学院编著，编写过程中得到全国工业和信息化职业教育教学指导委员会和全国职业院校技能大赛智能家居安装与维护赛项专家组的具体指导。教材编写邀请学校一线教师参与，并得到了企业工程师的协助，具体分工如下：项目一、项目二和项目三由韩根（北京市仪器仪表高级技工学校）、汪忻彦（上海海洋大学）和刘富昌（上海企想信息技术有限公司）撰写；项目四和项目五由李雅蓉（包头服务管理职业学校）和赵昊（上海企想信息技术有限公司）撰写；项目六和项目七由刘玉录（洛阳市第一职业高中）和黄耀龙（上海企想信息技术有限公司）撰写；项目八由张丽娜（上海市贸易学校）和金茂瑞（上海企想信息技术有限公司）撰写。全书由徐方勤（上海建桥学院）和周连兵（东营职业学院）策划指导并统稿。

由于编者经验有限，加之时间仓促，书中难免存在疏漏和不足之处，敬请广大读者批评指正。

企想学院

2021年8月于上海

目 录

项目一　智能家居整体体验 1

项目描述 1
相关知识 1
　一、物联网与智能家居 1
　二、智能家居案例介绍 7
　三、智能家居常用通信技术 14
　四、RFID后续发展及应用领域 26
项目实施 28
　任务一　学习常见智能家居系统的结构 28
　任务二　掌握智能家居体验间系统架构 30
　任务三　学习典型智能家居App案例的使用方法 35
拓展提升 38
练习 40

项目二　智能家居安防报警系统 **41**

项目描述 41
相关知识 41
　一、智能家居安防报警系统介绍 41
　二、智能家居安防报警系统的功能 42
　三、智能家居安防报警系统相关技术 44
　四、安防报警系统的应用范围 45
　五、智能家居安防报警系统的优点 45
项目实施 46
　任务一　学习"上海企想"智能家居体验间安防报警系统结构 46
　任务二　了解RFID智能门禁模块的相关原理及分类 48
　任务三　掌握人体红外传感器的相关原理及安装过程 63

  任务四　掌握报警灯的相关原理及安装过程 69

 项目实训 74

 练习 75

项目三　智能家居环境监测系统 76

 项目描述 76

 相关知识 76

  一、智能家居环境监测系统介绍 76

  二、智能家居环境监测系统的功能 77

  三、智能家居环境监测系统相关技术 77

  四、智能家居环境监测系统的应用范围 80

  五、智能家居环境监测系统的优点 81

 项目实施 82

  任务一　学习"上海企想"智能家居体验间环境监测系统结构 82

  任务二　掌握温湿度传感器的相关原理及安装过程 84

  任务三　掌握气压传感器的相关原理及安装过程 87

 项目实训 91

 练习 93

项目四　智能家居火灾预警系统 94

 项目描述 94

 相关知识 94

  一、智能家居火灾预警系统介绍 94

  二、智能家居火灾预警系统的功能 94

  三、智能家居火灾预警系统相关技术 95

  四、智能家居火灾预警系统的应用范围 97

  五、智能家居火灾预警系统的优点 97

 项目实施 98

  任务一　学习"上海企想"智能家居体验间火灾预警系统结构 98

  任务二　掌握烟雾传感器的相关原理及安装过程 99

  任务三　掌握燃气传感器的相关原理及安装过程 102

 项目实训 106

 练习 107

项目五　智能家居常用家电控制系统 ... **108**

项目描述 ... 108
相关知识 ... 108
　　一、智能家居常用家电控制系统（红外转发）介绍 ... 108
　　二、智能家居常用家电控制系统的功能 ... 109
　　三、智能家居常用家电控制系统相关技术 ... 110
　　四、常用家电控制系统的使用范围 ... 111
　　五、智能家居常用家电控制系统的优点 ... 112
项目实施 ... 112
　　任务一　学习"上海企想"智能家居体验间家电控制系统结构 ... 112
　　任务二　掌握红外转发器的相关原理及安装过程 ... 114
项目实训 ... 121
练习 ... 123

项目六　智能家居照明采光系统 ... **124**

项目描述 ... 124
相关知识 ... 124
　　一、智能家居照明采光系统的介绍 ... 124
　　二、智能家居照明采光系统的功能 ... 125
　　三、智能家居照明采光系统相关技术 ... 127
　　四、智能家居照明采光系统使用范围 ... 128
　　五、智能家居照明采光系统的控制 ... 129
项目实施 ... 129
　　任务一　学习"上海企想"智能家居体验间照明采光系统结构 ... 129
　　任务二　掌握光照度传感器的相关原理及安装过程 ... 132
　　任务三　掌握继电器传感器的相关原理及安装过程 ... 137
项目实训 ... 145
练习 ... 146

项目七　智能家居新风系统 ... **147**

项目描述 ... 147
相关知识 ... 147
　　一、智能家居新风系统介绍 ... 147
　　二、智能家居新风系统的功能 ... 151

三、智能家居新风系统相关技术..151
　　四、智能家居新风系统的使用范围..153
　　五、智能家居新风系统的优点..154
　项目实施..154
　　任务一　学习"上海企想"智能家居体验间新风系统结构..............154
　　任务二　掌握二氧化碳传感器的相关原理及安装过程..................156
　　任务三　掌握PM2.5传感器的相关原理及安装过程......................158
　项目实训..160
　练习..161

项目八　上海企想智能家居样板操作间系统综合实训..............162
　项目描述..162
　相关知识..162
　项目实施..163
　项目实训..168

附录A　项目实训环境介绍..172

项目一
智能家居整体体验

项目描述

本项目概述了什么是智能家居，使读者能大体了解智能家居涉及的通信技术、系统结构、特点及应用领域等知识内容，并用三个贴近生活的智能家居案例加以阐述。本项目要求学生能够对智能家居有一个大体的认知和了解。

相关知识

一、物联网与智能家居

智能家居是以住宅为平台，利用综合布线技术、网络通信技术、安全防范技术、自动控制技术、音/视频技术等将家居生活有关的设施集成，构建高效的住宅设施与家庭日程事务的管理系统，提升家居安全性、便利性、舒适性、艺术性，并实现环保节能的居住环境。智能家居是目前物联网的重要应用之一。

1. 智能家居的前世今生

1984年智能大厦开始投入使用，智能大厦第一次出现在人们的视野中，成为当时美国的典型建筑物。这一智能大厦的诞生拉开了全球智能建筑的序幕，为全球智能建筑发展奠定了坚实的基础。随着数字技术的改善和提升，截至20世纪80年代末，智能建筑已经得到了本质上的改革，开始由传统数字控制内容转变到集电子技术、住宅电子、家用电器、通信设备等为一体的系统化控制内容，智能化效率大幅提升，智能控制质量得到本质上的转变，如图1-1所示。如同时期美国智慧屋、欧洲的时髦屋等，都是20世纪80年代末典型的智能建筑。

图1-1 智能家居

进入21世纪，智能家居市场的发展势头依然强劲，甚至超出了最初预期。很多权威机构统计分析后都给出了30%的市场增长率数据。现在家电行业、智能硬件企业和家居企业也动作频频，加快了跨界互补的进程，在深入智能家居概念的同时，进一步升级产业，以在智能家居普及大潮中占得先机。图1-2为智能家居系统概念图。

图1-2 智能家居系统概念图

2. 智能家居行业概况

随着物联网浪潮汹涌而至，智能家居作为物联网的一部分，也迎来了快速发展时期。智能家居在我国的发展，总体而言，仍处于初期发展阶段。

中国产业调研网发布的 2015—2020 年《中国智能家居行业现状分析与发展前景研究报告》认为：近年来，我国智能家居产业市场规模逐年上涨，2011 年为 485.6 亿元，到 2014 年智能家居市场规模增长到 658.2 亿元（1~9 月市场规模为 561.3 亿元），2015 年中国智能家居产业市场规模达到 948 亿元，2016 年突破 1 100 亿元，达到 1 185 亿元，随着物联网、云计算等战略性产业的迅速发展，中国智能家居产业还将保持高增长态势，预测 2023 年市场规模为 2 800 亿元。目前国内智能家居主要的市场还是一些高端市场：别墅（零售、工程）、智能小区（工程），增长最快的市场是智慧酒店（工程）和智能办公（工程），但普通住宅智能家居（零售）市场却发展很缓慢。

3. 智能家居特点

市场上的智能家居产品种类琳琅满目、品质繁多，但是智能家居普遍的设计理念和原则有以下几点：

① 实用便利。
② 可靠性。
③ 标准性。
④ 方便性。
⑤ 普及化。

> **想一想：**
> 为什么普通住宅智能家居市场比高端市场发展慢？

智能化、个性化、网络化、信息化成为未来智能家居的主要趋势。向高速、高效、高精度、高可靠性方向发展；向模块化、智能化、柔性化、网络化和集成化方向发展。好的智能平台和产品能够通过视频监控、大数据分析、人体感应和识别技术等，解决用户痛点，提供更加个性化的服务。整个智能家居行业未来发展前景广阔，各类创新业务不断涌现，而智能家居单品的研发也已经逐渐加速。企业要想在智能家居上取得领先，必然需要在平台和生态控制权上展开争夺。从用户的角度看，只有解决用户痛点和提供良好体验的产品才能被推广。

4. 智能家居应用领域

（1）智能小区

智能小区总体构成包含用电信息采集、双向互动服务、小区配电自动化、用户侧分布式电源及储能、电动汽车有序充电、智能家居等多项新技术成果应用，综合了计算机技术、综合布线技术、通信技术、控制技术、测量技术等多学科技术领域，是一种多领域、多系统协调的集成应用，如图 1-3 所示。

智能小区可实现以下功能：运用智能电表技术，实现用电信息自动采集；提升电网自动化水平，保证小区可靠供电；电力光纤到表到户，服务互联网、广播电视网和电信网"三网融合"；

智能用电服务互动平台，实现用户与供电企业的实时互动；示范分布式光伏发电，倡导清洁能源消费；配置电动汽车充电管理设施，满足居民使用电动汽车需求；家电的远程监测与控制，促进家庭合理用能；设置自助缴费终端，方便客户缴费；实现水电气集抄，有效整合各运营商的人力资源。

图1-3　智能小区系统

（2）智能照明

智能照明是指利用计算机、无线通信数据传输、扩频电力载波通信技术、计算机智能化信息处理及节能型电器控制等技术组成的分布式无线遥测、遥控、遥讯控制系统，来实现对照明设备的智能化控制，如图1-4所示。智能照明具有灯光亮度的强弱调节、灯光软启动、定时控制、场景设置等功能，并达到安全、节能、舒适、高效的效果。

控制智能照明系统应用广泛，可大批量、大范围智能控制灯具及关联物品，系统可实现以下功能：

① 照明的自动化控制系统最大的特点是场景控制，在同一室内可有多路照明回路，对每一回路亮度调整后达到某种灯光气氛称为场景。系统可预先设置不同的场景（营造出不同的灯光环境），控制切换场景时的淡入淡出时间，使灯光柔和变化，利用时钟控制器，使灯光呈现按每天的日出日落或有时间规律的变化。利用各种传感器及遥控器达到对灯光的自动控制。

图1-4 智能家居应用流程示意图

② 美化环境。室内照明利用场景变化增加环境艺术效果,产生立体感、层次感,营造出舒适的环境,有利于人们的身心健康,提高工作效率。

③ 延长灯具寿命。影响灯具寿命的主要因素主要有过电压使用和冷态冲击,它们使灯具寿命大大降低。

④ 节约能源。采用亮度传感器,自动调节灯光强弱,达到节能效果。采用移动传感器,当人进入传感器感应区域后灯光渐渐增亮,当人走出感应区域后灯光渐渐减低或熄灭,这样可使一些走廊、楼道的"长明灯"得到有效控制,达到节能的目的。

⑤ 照度及照度的一致性。采用照度传感器,使室内的光线保持恒稳。例如,在学校的教室,要求靠窗与靠墙光强度基本相同,可在靠窗与靠墙处分别加装传感器,当室外光线强时系统会自动将靠窗的灯光减弱或关闭,根据靠墙传感器调整靠墙的灯光亮度;当室外光线变弱时,传感器会根据感应信号调整灯的亮度到预先设置的光照度值。

⑥ 综合控制。可通过计算机网络对整个系统进行监控。例如,了解当前各个照明回路的工作状态;设置、修改场景;当有紧急情况时控制整个系统及发出故障报告。

(3) 智能安防系统

智能安防系统可以简单理解为图像的传输和存储、数据的存储和处理准确而选择性操作的技术系统。就智能化安防系统来说,一个完整的智能安防系统主要包括门禁、报警和监控三大部分。智能安防与传统安防的最大区别在于智能化,我国安防产业发展很快,也比较普及,但是传统安防对人的依赖性比较强,非常耗费人力,而智能安防能够通过机器实现智能判断,从而尽可能实现人想做的事,智能安防系统如图1-5所示。

图1-5 智能安防系统

(4) 智能遥控

智能遥控开关不止具有开关的功能，它在替代传统墙壁开关的同时，更具有对室内灯光进行控制的功能，如全开全关功能、遥控开关功能、调光功能、情景功能等，可以在家中任意位置控制灯光和电器，并具有节能、防火、防雷击、安装方便等特点，其取代传统手动式开关已逐渐成为潮流。

智能遥控实用性强、智能性高，具有以下突出优点：

① 无方向远距离隔墙控制功能，一般在 10 ~ 80 m 半径内可以做到信号覆盖，且可以穿透 2 ~ 3 堵墙体。

② 极强抗干扰能力，可靠性高，具有防火、防雷击功能。

③ 具有手动开关和遥控开关两种模式，既增强了方便性，又承袭了原有的习惯。

④ 断电保护功能，遇到断电情况，开关全部关闭，当重新来电时，开关处于关闭状态，不会因未知开关状态而造成人身伤害，也可以在无人值守情况下节约电能。

⑤ 家电控制集成功能，目前一般家庭都被遥控器困扰着，现在只需要一个遥控器，就可以实现对室内空调、电视、电动窗帘、音响、电饭煲等电器的控制集成，组建一个智能家居系统。

⑥ 超载保护功能，遥控开关里有过流保护装置，当电流过大时，熔断器会先断开，起到保护电路的作用。

> **想一想：**
> 智能家居领域中除了上述应用，你还知道哪些应用？

5. 智能家居行业未来展望

从 2000 年的首届峰会到 2021 年的第二十二届中国国际建筑智能化峰会，虽然中国房产智能化道路几经周折，但是这一进程却不可阻挡地前进着。科技的发展使人们坚定不移地追求更高品质的生活，房产智能化作为高品质信息生活的代表得到越来越多的瞩目。正值网络和新经济的高峰，房地产产业的就势跟进使"智能化"成为新建社区不可缺少的"卖点"，智能化住宅小区建设一时在全国形成浪潮。虽然科技飞速发展，信息技术日新月异，连 CPU 运算速度的提升都已经突破了摩尔定律，但是如何将这些技术引入智能家居产品之中，打造出真正实用的智能家居产品，这才是国际建筑智能化峰会每一位参与者最关注的问题。

未来的发展趋势，云服务必不可少，增加云服务可以把智能家居功能扩展到智能自动化、数据存储、数据分析、视频存储等，有部分厂商已经与阿里云、百度云、腾讯云等合作，免去自己架设服务器，按实际需求提供实际的服务。

另外一个趋势就是语音控制，目前许多解决方案都是依靠智能手机等移动设备或计算机的应用程序进行访问和控制的，不过，对于许多未来的使用案例来说，这种方式一方面效率不高，另一方面也会有诸多不便。不断地使用智能手机（即使只是通过一个单一的应用程序接口）来执行最简单的命令，也会令用户感到麻烦。因此，行业需要开发新的智能家居接口技术，而声音作为人类交互最自然的方式之一，是最容易想到的选择。

在未来，智能家居技术将能够在没有任何人类交互的情况下实现工作，它还能基于一定的规则和外部条件、信息做出自己的决定。但是，总会有些情况用户希望自己与技术进行交互，例如，检查或改变家中的设置。虽然这些信息可以通过访问手机 App 实现获取，实际上，当用户不在家中时，这仍然是有用的；但是当用户身处家中时，不间断地访问手机 App 则可能成为一种麻烦。如果用户能够简单地通过讲话来获得所需的响应，那么一切就将变得更快、更便捷。

二、智能家居案例介绍

案例一：我们的"未来之家"

2010 年，一幢未来生态城的样板楼已经矗立在上海崇明陈家镇：屋顶上的太阳能装置一年可发电约 6 万度（1 度 =1 kW·h），楼外的风力发电装置一年能发电约 4 万度；办公区的百叶窗会根据阳光强度自动调节角度，一旦办公区人员全部离开，灯光会自动关闭；楼顶的通风塔依靠热压产生自然通风；厕所不但节水，还能分别回收大小便……

下面，我们一同走进"未来之家"。

未来之家的入口，采用了掌纹识别技术作为钥匙。外表看起来普普通通的一大块磨砂玻璃门，竟然是个安全性极高的门禁系统。借助全手掌识别技术，要比单个指纹识别更加可靠。而且，这套门禁系统还融合了 ID 卡识别以及声音识别等技术，并且配置有来访者语音留言系统和安全系统，足可令主人居家高枕无忧，如图 1-6 所示。

未来之家门口的植物，采用了 RFID 无线射频识别芯片技术，可以提醒主人需要多少光照和水分，如图 1-7 所示。

玄关里的这个小托盘也是暗藏玄机，主人把手机和手表放上去，会自动显示今天的温度、天气和日程安排等各种信息，如图 1-8 所示。

进门之后，墙壁上会自动显示欢迎信息，还有安防系统的状态、室内温度、能耗等各种信息，如图 1-9 所示。

图1-6 "未来之家"的大门

图1-7 智能光照和水分

图1-8 智能托盘

图1-9 智能墙壁

客厅里的这个OLED有机电激光显示电视可以用手势进行远程操控,它有摄像头,能够捕捉主人的手部运动,这个设计理念跟微软大受欢迎的Kinect体感游戏设备差不多,如图1-10所示。

图1-10 智能OLED电视

智能厨房如图1-11所示,看起来跟普通厨房没什么不同,实际上可没这么简单。

厨房操作台上有一个小显示屏，用手触摸显示屏，会显示各种健康信息，如图1-12所示。

图1-11　智能厨房　　　　　　　　　图1-12　智能厨房操作台

显示屏上出现各种与主人相关的健康信息，包括疾病史、需要服用的药物和各种健康提示等，甚至还有针对一生健康的基因疗法，如图1-13所示。

图1-13　智能家庭医生

药怎么吃，吃多少？忘了也没关系，放在操作台上，各种指示信息立即显现，如图1-14所示。

图1-14　智能提醒

案例二：Philips 飞利浦智能家居

飞利浦智能家居以"简约居家，灵动生活"的理念为顾客提供最适合的智能家居解决方案，接下来，让我们走进一个有生命力的空间。

时钟的闹铃准时响起，卧室的窗帘缓缓拉开，灿烂的阳光照射整个房间，浴室的热水器已提前开始预热，背景音乐正在播放早间新闻；走进客厅，网络电视显示天气预报、交通情况等；进入厨房，还有 10 min 可以享受悠闲的早餐。起床的情景如图 1-15 所示。

图1-15　起床的情景

上班临出门前，轻触玄关的对讲触摸屏，家中每个房间的灯都会自动关闭，窗帘缓缓合上，该关闭的电器自动进入待机状态，家里的安防报警系统和视频监控系统则自动开启。几秒后，一切就位，可以放心去上班。上班的情景如图 1-16 所示。

图1-16　上班的情景

网络对讲、信息发布、智能家居,三屏合一,能将手机或平板电脑直接当无线室内机,如图1-17所示。

图1-17 网络对讲

不超过两次按键就能实现所要的功能,也能观看监控视屏。另外,还有快捷键,方便老人和小孩使用。触摸屏的显示如图1-18所示。

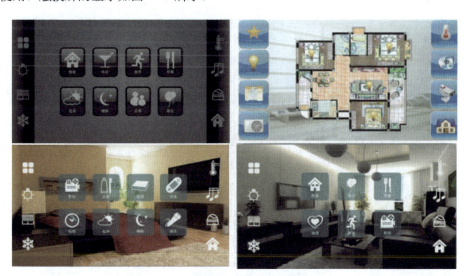

图1-18 触摸屏显示

用户外出工作,当家中有陌生人进入时,系统会发出网络通知至用户的手机上,给出提示警报和3 s的监控影像,如图1-19所示。

图1-19 网络通知

下班路上,估计还要一会儿才能到家,此时参加聚会的亲朋好友们已到家门口,通过手机终端远程对讲与他们打招呼,开门请他们进屋等候(见图1-20),并远程启动家中的空调系统,自动调节至设定好的温度,新风系统立即进入工作状态。

图1-20 通过远程对讲打招呼

用餐后,想和亲朋好友们一起看部影片,可以用手机、平板遥控启动影视模式(见图1-21),影音室内各方位的灯光自动调节,调节至影音观赏的视觉效果,窗帘缓缓合上,家庭影院系统随即开启。

图1-21 遥控启动影视模式

来到书房门口,输入电子锁密码,推开门,灯便自动打开。此时白天未完成的公务文件已通过云端服务器同步到了计算机中。处理完后,还可以顺便查看下金融资料,如图1-22所示。

图1-22 书房情景

临睡前,轻轻触碰下床头的控制面板,全宅的灯光、窗帘即可自动关闭,空调、新风系统进入睡眠模式,如图1-23所示。

图1-23 睡眠情景

案例三：LG Smart Thin Q Hub

LG 电子在 2016 年美国拉斯维加斯国际消费类电子产品展览会（CES2016）上发布旗下物联网生态系统的最新成员——Smart Thin Q Hub。

Smart Thin Q Hub 扩展了 LG 的 Smart Thin Q 平台，使其可以监测和控制洗衣机、冰箱、烤箱、机器人吸尘器、空调等家用电器和多种传感器。Smart Thin Q Hub 能够收集智能家电和通过 Wi-Fi、ZigBee 和蓝牙连接到 Smart Thin Q 传感器的传统设备的信息（见图1-24），在 LG 的智能家居平台中发挥核心作用。Smart Thin Q Hub 的设计非常优雅，配有一个 3.5 in（1 in=2.54 cm）彩色 LCD 显示屏（见图1-25），能够连接智能手机应用程序，与智能家电和智能传感器进行双向通信。数据可以在 LCD 屏上以通知的方式显示，也可以通过内置音箱播报，充当智能家居的中心枢纽。

图1-24　手机应用程序的双向通信

图1-25　Smart Thin Q Hub

LG 与其他服务供应商之间的合作伙伴关系是其智能家居系统的一个重要优势，该系统将多个品牌之间的兼容性放在首位。这种合作伙伴关系有助于 LG 提供改善安全性、节能、空气净化和便捷性的套餐，这可能包括 Smart Thin Q Hub、Smart Thin Q 传感器以及来自其他制造商的各种智能家电和设备，如智能照明、运动传感器和湿度监测传感器。

> **做一做：**
> 查阅资料，还有哪些有名的智能家居案例？

三、智能家居常用通信技术

1. ZigBee 简介

1）什么是 ZigBee

ZigBee 又称紫蜂协议，其名称来源于蜜蜂的舞蹈，由于蜜蜂（Bee）是靠飞翔和"嗡嗡"（Zig）地抖动翅膀的"舞蹈"来与同伴传递花粉所在方位信息，也就是说蜜蜂依靠这样的方式构成了群体中的通信网络。蜂群里蜜蜂的数量众多，所需食物不多，与设计初衷十分吻合，故命名为 ZigBee。ZigBee 是一种标准，该标准定义了短距离、低速率传输、无线通信所需要的一系列通信协议。主要适合用于自动控制和远程控制领域，可以嵌入各种设备。简而言之，ZigBee 就是一种便宜的、低功耗的近距离无线组网通信技术。

2）ZigBee 的技术发展

ZigBee 的发展基础是 IEEE 802.15.4 标准，它是一种新型的短距、低速、低功耗的无线通信技术，其前身是 INTEL、IBM 等产业巨头发起的"HomeRF Lite"无线技术。

负责起草 IEEE 802.15.4 标准的工作组于 2000 年成立，2002 年美国摩托罗拉（Motorola）公司、荷兰飞利浦（Philips）公司、英国 Invensys 公司、日本三菱电器公司等发起成立了 ZigBee 联盟。到目前为止，ZigBee 联盟已有 200 多家成员企业，而且还在迅速壮大中。

这些企业包括半导体生产商、IP 服务提供商以及消费类电子厂商等，而这些公司都参加了 IEEE 802.15.4 工作组，为 ZigBee 物理和媒体控制层技术标准的建立做出了贡献。

2004 年 ZigBee 1.0（又称 ZigBee 2004）诞生，它是 ZigBee 的第一个规范，这使得 ZigBee 有了自己的发展基本标准。但是由于推出仓促，存在很多不完善的地方，因此在 2006 年进行了标准的修订，推出了 ZigBee 1.1（又称 ZigBee 2006），但是该协议与 ZigBee 1.0 是不兼容的。ZigBee 1.1 相较于 ZigBee 1.0 做了很多修改，但是 ZigBee 1.1 仍无法达到最初的设想，于是在 2007 年再次修订（称为 ZigBee 2007/PRO），能够兼容之前的 ZigBee 2006，并且加入了 ZigBee PRO 部分，此时 ZigBee 联盟更专注于以下三种应用类型的拓展：家庭自动化（HA）、建筑/商业大楼自动化（BA）以及先进抄表基础建设（AMI）。

3）ZigBee 技术特点

ZigBee 是一种短距离、低功耗、低数据速率、低成本、低复杂度的无线网络技术。

ZigBee 采取了 IEEE 802.15.4 强有力的无线物理层所规定的全部优点：省电、简单、成本又低的规格；ZigBee 增加了逻辑网络、网络安全和应用层。

4）ZigBee 的网络体系

按照 OSI 模型，ZigBee 网络分为四层，从下向上分别为物理层、媒体访问控制层（MAC）、网络层/安全层（NWK）和应用层。其中物理层和 MAC 层由 IEEE 802.15.4 标准定义，合称 IEEE 802.15.4 通信层；网络层和应用层由 ZigBee 联盟定义。图 1-26 为 ZigBee 网络协议架构分层，每一层向它的上层提供数据和管理服务。

图 1-26 ZigBee 网络体系架构

（1）物理层

IEEE 802.15.4 定义了两个物理标准，分别是 2 450 MHz（一般称为 2.4 GHz）的物理层和 868/915 MHz 的物理层。它们基于直接序列扩频，使用相同的物理层数据包格式，区别在于工作频段、调制技术和传输速率的不同。

IEEE 802.15.4 标准的物理层所实现的功能包括数据的发送与接收、物理信道的能量监测、射频收发器的激活与关闭、空闲信道评估、链路质量指示、物理层属性参数的获取与设置。这些功能是通过物理层服务访问接口来实现的，物理层主要有两种服务接口：物理层数据服务接入点（PD-SAP）和物理层管理实体服务的接入点（PLME-SAP）。PLME-SAP 除了负责在物理层和 MAC 层之间传输管理服务之外，还负责维护物理层 PAN 信息库（PHY PIB）。

（2）MAC 层

MAC 层负责无线信道的使用方式，它们是构建 ZigBee 协议底层的基础。MAC 层包括 MAC 层管理服务（MLME）和数据服务（MCPS）。

MAC 管理服务可以提供调用 MAC 层管理功能的服务接口，同时还负责维护 MAC PAN 信息库（MAC PIB）。

MAC 数据服务可以提供调用 MAC 公共部分子层（MCPS）提供的数据服务接口，为网络层数据添加协议头，从而实现 MAC 层帧数据。除了以上两个外部接口外，在 MCPS 和 MLME 之间还隐含了一个内部接口，用于 MLME 调用 MAC 管理服务。

（3）网络层/安全层

ZigBee 网络层的主要作用是负责网络的建立、允许设备加入或离开网络、路由的发现和维护。

ZigBee 网络层主要实现网络的建立、路由的实现以及网络地址的分配。ZigBee 网络层的不同功能由不同的设备完成。其中 ZigBee 网络中的设备有三种类型，即协调器、路由器和终端结点，分别实现不同的功能。

协调器具有建立新网络的能力。协调器和路由器具备允许设备加入网络或者离开网络，为设备分配网络内部的逻辑地址，建立和维护邻居表等功能。

ZigBee 终端结点只需要有加入或离开网络的能力即可。

（4）应用层

ZigBee 的应用层由应用支持子层（APS）、ZigBee 设备对象、ZigBee 应用框架（AF）、ZigBee 设备模板和制造商定义的应用对象等组成。

应用支持子层（APS）负责应用支持子层协议数据单元 APDU 的处理、数据传输管理和维护绑定列表。应用支持子层（APS）通过一组通用的服务为网络层和应用层之间提供接口，这一组服务可以被 ZigBee 设备对象和制造商定义的应用对象使用，包括应用支持子层数据服务（APSDE）和应用支持子层管理服务（APSME）。

ZigBee 设备中应用对象驻留的环境称为应用框架（Application Framework，AF）。在应用框架中，应用程序可以通过 APSDE-SAP 发送、接收数据，通过"设备对象公共接口"实现应用对象的控制与管理。应用支持子层数据服务接口（APSDE-SAP）提供的数据服务，包括数据传输请求、确认、指示等原语。

5）ZigBee 的网络拓扑

首先介绍下 ZigBee 的设备类型：终端设备（End Device）、路由器（Router）以及协调器（Coordinator）。

① 终端设备：结构和功能是最简单的，采用电池供电，大部分时间都处于睡眠状态以节约电量，延长电池的使用寿命。

② 路由器：需具备数据存储和转发能力，以及路由发现的能力。除完成应用任务外，路由器还必须支持其子设备连接、数据转发、路由表维护等功能。

③ 协调器：协调器是一个 ZigBee 网络的第一个开始的设备或者是一个 ZigBee 网络的启动或者建立网络的设备。协调器结点需选择一个信道和唯一的网络标识符（PAN ID），然后开始组建一个网络。协调器设备在网络中还有其他作用，如建立安全机制、网络中的绑定等。

ZigBee 支持包含主从设备的星状、树状和网状网络拓扑（见图 1-27），每个网络中都会存在一个唯一的协调器，它相当于有线局域网中的服务器，对本网络进行管理。ZigBee 以独立的结点为依托，通过无线通信组成星状、树状或网状网络，因此不同的结点功能可能不同。为了降低成本就出现了全功能设备（FFD）和半功能设备（RFD）之分，FFD 支持所有的网络拓扑在网络中可以充当任何设备（协调器、路由器及终端结点），而且可以与所有设备进行通信，而 RFD 则在网络中只能作为子结点不能有自己的子结点（即只能作为终端结点），而且其只能与自己的父结点通信，RFD 功能是 FFD 功能的子集。

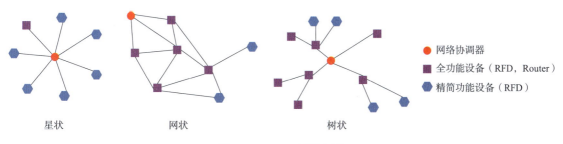

图1-27　ZigBee网络拓扑

（1）星状网络的形成过程

在星状网络中，协调器作为发起设备，协调器一旦被激活，它就建立一个自己的网络，并作为 PAN 协调器。路由设备和终端设备可以选择 PAN 标识符加入网络。不同 PAN 标识符的星状网络中的设备之间不能进行通信。

星状拓扑是最简单的一种拓扑形式，它包含一个 Coordinator 结点和一系列的 End Device 结点。每一个 End Device 结点只能和 Coordinator 结点进行通信。如果需要在两个 End Device 结点之间进行通信，则必须通过 Coordinator 结点进行信息的转发。

（2）树状网络的形成过程

在树状网络中，由协调器发起网络，路由器和终端设备加入网络。设备加入网络后由协调器为其分配 16 位短地址，具有路由功能的设备可以拥有自己的子设备。但是在树状网络中，子设备只能和自己的父设备进行通信，如果某终端设备要与非自己父设备的其他设备通信，必须经过树状路由进行通信。

树状拓扑包括一个 Coordinator 以及一系列的 Router 和 End Device 结点。Coordinator 连接一系列的 Router 和 End Device，它的子结点的 Router 也可以连接一系列的 Router 和 End Device，这样可以重复多个层级。

（3）网状网络的形成过程

在网状网络中，每个设备都可以与在无线通信范围内的其他任何设备进行通信。理论上任何一个设备都可定义为 PAN 主协调器，设备之间通过竞争的关系竞争 PAN 主协调器。但是在实际应用中，用户往往通过软件定义协调器，并建立网络，路由器和终端设备加入此网络。当协调器建立起网络之后，其功能和网络中的路由器功能是一样的，在此网络中的设备之间都可以相互进行通信。

网状拓扑包含一个 Coordinator 和一系列的 Router 和 End Device。这种网络拓扑形式和簇状拓扑相同，但是，网状网络拓扑具有更加灵活的信息路由规则，在可能的情况下，路由结点之间可以直接通信。这种路由机制使得信息的通信变得更有效率，而且意味着一旦一个路由路径出现了问题，信息可以自动地沿着其他的路由路径进行传输。

6）ZigBee 技术应用范围

（1）适合 ZigBee 传输的数据类型

① 周期性数据：传感器数据、水电气表数据、仪器仪表数据。

② 间断性数据：工业控制命令、远程网络控制、家用电器控制。

③ 反复性低反应时间数据：如鼠标键盘数据、操作杆的数据。

（2）适合 ZigBee 技术的设备特点

① 设备成本低、传输数据量小。

② 设备体积小，不便放置较大的充电电池或者电源模块。

③ 没有充足的电源支持，只能使用一次性电池。

④ 需要较大范围的通信覆盖，网络中的设备非常多，但仅仅用于监测或控制。

（3）ZigBee 技术典型应用

① 结合 ZigBee 和 GPRS 的无线数据传输。

② 医疗监控系统。

③ 无线点餐系统。

④ 智能交通控制系统等。

7）小结

ZigBee 作为一种新兴的近距离、低复杂度、低功耗、低数据速率、低成本的无线网络技术，有效弥补了低成本、低功耗和低速率无线通信市场的空缺，其成功的关键在于丰富而便捷的应用，而不是技术本身。我们有理由相信在不远的将来，将有越来越多的内置式 ZigBee 功能的设备进入人们的生活，并将极大地改善人们的生活方式和体验。

> **说一说：**
>
> 你觉得 ZigBee 可以应用在生活中的哪些场景？

2. Wi-Fi 简介

1）Wi-Fi 的概念

1999 年，各个厂商为了统一兼容 802.11 标准的设备而结成了一个标准联盟，称为 Wi-Fi Alliance，而 Wi-Fi 这个名词，也是他们为了能够更广泛地为人们接受而创造出的一个商标类名词，也有人把它称作"无线保真"。

Wi-Fi 实际上是制定 802.11 无线网络的组织，并非代表无线网络。但是后来人们逐渐习惯用 Wi-Fi 来称呼 802.11b 协议。它的最大优点是传输速率较高，有效距离也很长，同时也与已有的各种 802.11 DSSS 设备兼容。目前无线局域网（WLAN），主流采用 802.11 协议，故常直接称为 Wi-Fi 网络。

2）Wi-Fi 的优势与弊端

（1）优势

① 无线电波的覆盖范围相对广。

② 传输速率非常快，符合个人和社会信息化的需求。

③ 厂商进入该领域的门槛比较低，设备价格低廉。

④ 信号功率小，绿色健康。

⑤ 工作在 2.4 GHz 的 IMS 频段，全球统一。

（2）弊端

① 工作在 2.4 GHz 的 IMS 频段，容易受干扰。

② 覆盖范围有限。

③ 安全性有待提高。

3）Wi-Fi 技术特点及说明

（1）组网简便

无线局域网的组建在硬件设备上的要求与有线相比，更加简洁方便，而且目前支持无线局域网的设备已经在市场上得到了广泛的普及，不同品牌的接入点 AP 以及客户网络接口之间在基本的服务层面上都是可以实现互操作的。WLAN 的规划可随着用户的增加而逐步扩展，在初期根据用户的需要布置少量的点。当用户数量增加时，只需再增加几个 AP 设备，而不需要重新布线。而全球统一的 Wi-Fi 标准使其与蜂窝载波技术不同，同一个 Wi-Fi 用户可以在世界各个国家使用无线局域网服务。

（2）业务可集成性

由于 Wi-Fi 技术在结构上与以太网完全一致，所以能够将 WLAN 集成到已有的宽带网络中，也能将已有的宽带业务应用到 WLAN 中。这样，就可以利用已有的宽带有线接入资源，迅速地部署 WLAN 网络，形成无缝覆盖。

（3）完全开放的频率使用段

无线局域网使用的是全球开放的频率使用段，使得用户端无须任何许可就可以自由使用该频段上的服务。

Wi-Fi 与蓝牙一样，同属于短距离无线通信技术，Wi-Fi 速率最高可达 11 Mbit/s。虽然在数据安全性方面比蓝牙技术要差一些，但在电波的覆盖范围方面却略胜一筹，可达 100 m 左右，不用说家庭、办公室，就是小一点的整栋大楼也可使用，如图 1-28 所示。

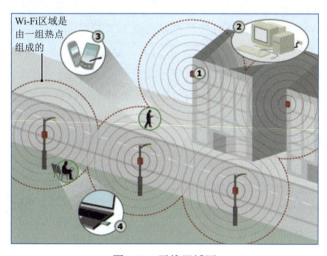

图1-28　无线局域网

如今的智能手机大多数都带有 Wi-Fi 无线上网功能，使用 Wi-Fi 上网可以省去一笔不小的流量。使用计算机无线上网的用户对无线路由器很清楚，对于智能手机来说也要用无线路由来连接互联网，打开智能手机的无线网络，在手机设置中找到所使用的 Wi-Fi 名称，输入相应的密码让手机与 Wi-Fi 相连，即可上网，如图 1-29 所示。

图1-29　Wi-Fi上网

> 说一说：
> 说说你对 Wi-Fi 的认识。

3. 蓝牙简介

（1）蓝牙的起源与概述

蓝牙是一种无线技术标准，可实现固定设备、移动设备和楼宇个人域网之间的短距离数据交换（使用 2.4 ~ 2.485 GHz 的 ISM 波段的 UHF 无线电波）。

"蓝牙"（Bluetooth）一词是 10 世纪的一位国王 Harald Bluetooth 的绰号，他将纷争不断的丹麦部落统一为一个王国，传说中他还引入了基督教。以此为蓝牙命名的想法最初是 Jim Kardach 于 1997 年提出的，Kardach 开发了能够允许移动电话与计算机通信的系统。他的灵感来自于当时他正在阅读的一本由 Frans G. Bengtsson 撰写的描写北欧海盗和 Harald Bluetooth 国王的历史小说 *The Long Ships*；意指蓝牙也将把通信协议统一为全球标准。

蓝牙技术最初由电信巨头爱立信公司于 1994 年创制，1997 年爱立信与其他设备生产商联系，并激发了他们对该项技术的浓厚兴趣。1998 年 2 月，5 个跨国大公司，包括爱立信、诺基亚、IBM、东芝及 Intel 组成了一个特殊兴趣小组（SIG），他们共同的目标是建立一个全球性的小范围无线通信技术，即现在的蓝牙。

而蓝牙标志的设计：它取自 Harald Bluetooth 名字中的 [H] 和 [B] 两个字母，用古北欧字母来表示，将这两者结合起来，就形成了蓝牙的 LOGO（见图 1-30）。

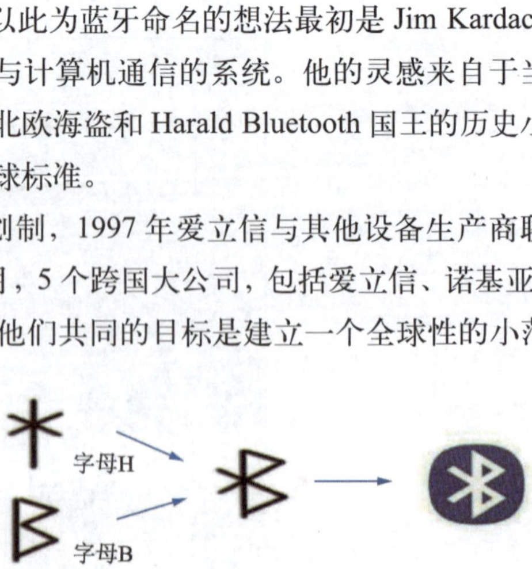

图1-30　蓝牙图标

（2）蓝牙的技术特性

蓝牙技术（见图1-31）提供低成本、近距离无线通信，构成固定与移动设备通信环境中的个人网络，使得近距离内各种设备实现无缝资源共享。显然，这种通信技术与传统的通信模式有明显的区别，它的初衷是希望以相同成本和安全性实现一般电缆的功能，从而使得移动用户摆脱电缆的束缚。这决定蓝牙技术具备以下技术特性：

① 能传送语音和数据。

② 使用频段、连接性、抗干扰性和稳定性。

③ 低成本、低功耗和低辐射。

④ 安全性。

⑤ 网络特性。

蓝牙的具体实施依赖于应用软件、蓝牙存储栈、硬件及天线四个部分，适用于包括任何数据、图像、声音等短距离通信的场合。蓝牙技术可以代替蜂窝电话和远端网络之间通信时所用的有线电缆，提供新的多功能耳机，从而在蜂窝电话、PC甚至随身听等设备中使用，也可用于笔记本式计算机、个人数字助理、蜂窝电话等之间的名片数据交换。协议可以固化为一个芯片，可安置在各种智能终端。

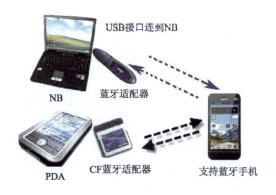

图1-31 蓝牙技术

> **说一说：**
> 说说你在生活中接触到的蓝牙技术。

4. RFID简介

1）RFID（Radio Frequency Idenfication，无线射频识别）技术前期发展

（1）人们对电磁能的认识

追溯历史，公元前中国先民即发现并开始利用天然磁石，并用磁石制成指南车。到了近代，越来越多的人对电、磁、光进行深入地观察及数学基础研究，其中的佼佼者是美国人本杰明·富兰克林。1846年英国科学家米歇尔·法拉第发现了光波与电波均属于电磁能量。1864年苏格兰科学家詹姆士·克拉克·麦克斯韦发表了他的电磁场理论。1887年，德国科学家亨利希·鲁道夫·赫兹证实了麦克斯韦的电磁场理论并演示了电磁波以光速传播并可以被反射，具有类似光的

极化特性，赫兹的实验不久也被俄国科学家亚力山大·波普重复。1896年马克尼成功地实现了横越大西洋的越洋电报，由此开创了利用电磁能量为人类服务的先河。更进一步，在1922年，诞生了雷达（Radar）。作为一种识别敌方空间飞行物（飞机）的有效武器，雷达在第二次世界大战中发挥了重要的作用，同时雷达技术也得到了极大的发展。至今，雷达技术还在不断发展，人们正在研制各种用途的高性能雷达。

（2）RFID技术的发展

RFID直接继承了雷达的概念，并由此发展出一种生机勃勃的AIDC（Auto Identification and Data Collection，自动识别与数据收集）新技术——RFID技术。1948年哈里·斯托克曼发表的"利用反射功率的通信"奠定了射频识别RFID的理论基础。

在20世纪中，无线电技术的理论与应用研究是科学技术发展最重要的成就之一。RFID技术的发展可按10年期划分如下：

1941—1950年：雷达的改进和应用催生了RFID技术，1948年奠定了RFID技术的理论基础。

1951—1960年：早期RFID技术的探索阶段，主要处于实验室实验研究。

1961—1970年：RFID技术的理论得到了发展，开始了一些应用尝试。

1971—1980年：RFID技术与产品研发处于一个大发展时期，各种RFID技术测试得到加速，出现了一些最早的RFID应用。

1981—1990年：RFID技术及产品进入商业应用阶段，各种规模应用开始出现。

1991—2000年：RFID技术标准化问题日趋得到重视，RFID产品得到广泛采用，RFID产品逐渐成为人们生活中的一部分。

2001年至今：标准化问题日趋为人们所重视，RFID产品种类更加丰富，有源电子标签、无源电子标签及半无源电子标签均得到发展，电子标签成本不断降低，行业应用规模扩大。

RFID技术的理论得到丰富和完善，单芯片电子标签、多电子标签识读、无线可读可写、无源电子标签的远距离识别、适应高速移动物体的RFID正在成为现实。

2）射频识别技术及其发展

（1）RFID无线识别电子标签基础介绍

RFID是一种非接触式的自动识别技术，其基本原理是利用射频信号和空间耦合或雷达反射的传输特性，实现对被识别物体的自动识别。

RFID系统至少包含电子标签和阅读器两部分。电子标签是射频识别系统的数据载体，电子标签由标签天线和标签专用芯片组成。依据电子标签供电方式的不同，电子标签可分为有源电子标签、无源电子标签和半无源电子标签。

RFID阅读器（读写器）通过天线及RFID电子标签进行无线通信，可以实现对标签识别码和内存数据的读出或写入操作。典型的阅读器包含有高频模块（发送器和接收器）、控制单元以及阅读器天线。

（2）RFID系统组成（见图1-32）

① 阅读器（Reader）：读取（有时还可以写入）标签信息的设备，可分为手持式或固定式。

② 天线（Antenna）：在标签和读取器间传递射频信号。

③ 电子标签（Tag）：一般保存有约定格式的电子数据，在实际应用中，电子标签附着在待

识别物体的表面。阅读器可无接触地读取并识别电子标签中所保存的电子数据，从而达到自动识别体的目的。通常阅读器与计算机相连，所读取的标签信息被传送到计算机上进行下一步处理。在以上基本配置之外，还应包括相应的应用软件。

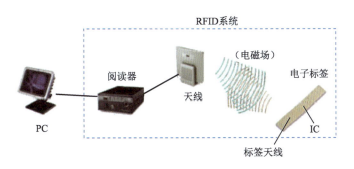

图1-32　RFID系统组成

RFID标签分为主动标签（Active Tags）和被动标签（Passive Tags）两种。主动标签自身带有电池供电，体积较大，与被动标签相比成本更高，也称为有源标签，一般具有较远的阅读距离，不足之处是电池不能长久使用，能量耗尽后需更换电池。被动标签在接收到阅读器（读出装置）发出的微波信号后，将部分微波能量转换为直流电供自己工作，一般可做到免维护，成本很低并具有很长的使用寿命，比主动标签更小也更轻，读写距离则较近，也称为无源标签。相比有源系统，无源系统在阅读距离及适应物体运动速度方面略有限制。按照存储的信息是否被改写，标签也被分为只读式标签（Read Only）和可读写标签（Read and Write）。只读式标签内的信息在集成电路生产时即将信息写入，以后不能修改，只能被专门设备读取；可读写标签将保存的信息写入其内部的存储区，需要改写时也可以采用专门的编程或写入设备擦写。一般将信息写入电子标签所花费的时间远大于读取电子标签信息所花费的时间，写入所花费的时间为秒级，阅读花费的时间为毫秒级。

电子标签由耦合元件及芯片组成，每个标签具有唯一的电子编码，附着在物体上标识目标对象；每个标签都有一个全球唯一的ID号码——UID，UID是在制作芯片时放在ROM中的，无法修改。用户数据区（DATA）是供用户存放数据的，可以进行读写、覆盖、增加的操作。读写器对标签的操作有三类：

① 识别（Identify）：读取UID。

② 读取（Read）：读取用户数据。

③ 写入（Write）：写入用户数据。

（3）RFID的基本交互原理

射频识别的基本原理框图如图1-33所示。

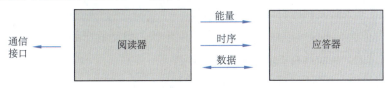

图1-33　射频识别的基本原理框图

应答器为集成电路芯片，它的工作需要由阅读器提供能量，阅读器产生的射频载波用于为应答器提供能量。

阅读器与应答器之间的信息交互通常采用询问-应答的方式进行，因此必须有严格的时序关系，时序由阅读器提供。

应答器和阅读器之间可以实现双向数据交互，应答器存储的数据信息采用对载波到的负载调制方式向阅读器传送，阅读器给应答器的命令和数据通常采用载波间隙、脉冲位置调制、编码调制等方法实现传送。

RFID 系统在实际应用中，电子标签附着在待识别物体的表面，电子标签中保存有约定格式的电子数据。阅读器可无接触地读取并识别电子标签中所保存的电子数据，从而达到自动识别物体的目的。阅读器通过天线发送出一定频率的射频信号，当标签进入磁场时产生感应电流从而获得能量，发送出自身编码等信息，被阅读器读取并解码后送至主机进行有关处理。

（4）RFID 系统的工作频率

通常阅读器发送时所使用的频率被称为 RFID 系统的工作频率。典型的工作频率有 125 kHz、225 kHz、13.56 MHz 等，这些频点应用的射频识别系统一般都有相应的国际标准予以支持。其基本特点是电子标签的成本较低、标签内保存的数据量较少、阅读距离较短、电子标签外形多样（卡状、环状、纽扣状、笔状）、阅读天线方向性不强等。

（5）RFID 技术特点及优势

RFID 是一项易于操控、简单实用且特别适用于自动化控制的灵活性应用技术，识别工作无须人工干预，它既可支持只读工作模式，也可支持读写工作模式，且无须接触或瞄准；可自由工作在各种恶劣环境下：短距离射频产品不怕油渍、灰尘污染等恶劣的环境，可以替代条码，如用在工厂的流水线上跟踪物体；长距离射频产品多用于交通上，识别距离可达几十米，如自动收费或识别车辆身份等。其所具备的独特优越性是其他识别技术无法企及的。主要有以下几个方面特点：

① 读取方便快捷：数据的读取无需光源，甚至可以透过外包装进行识别。有效识别距离更大，采用自带电池的主动标签时，有效识别距离可达 30 m 以上。

② 识别速度快：标签一进入磁场，解读器就可以即时读取其中的信息，而且能够同时处理多个标签，实现批量识别。

③ 数据容量大：数据容量最大的二维条形码（PDF417），最多也只能存储 2 725 个数字；若包含字母，存储量则会更少；RFID 标签则可以根据用户的需要扩充到数十千字节。

④ 使用寿命长，应用范围广：其无线电通信方式，使其可以应用于粉尘、油污等高污染环境和放射性环境，而且其封闭式包装使得其寿命大大超过印刷的条形码。

⑤ 标签数据可动态更改：利用编程器可以写入数据，从而赋予 RFID 标签交互式便携数据文件的功能，而且写入时间相比打印条形码更短。

⑥ 更好的安全性：不仅可以嵌入或附着在不同形状、类型的产品上，而且可以为标签数据的读写设置密码保护，从而具有更高的安全性。

⑦ 动态实时通信：标签以每秒 50～100 次的频率与解读器进行通信，所以只要 RFID 标签所附着的物体出现在解读器的有效识别范围内，就可以对其位置进行动态的追踪和监控。

（6）RFID 射频识别技术对比条形码的七大特点

① 快速扫描。一次只能有一个条形码受到扫描；RFID 辨识器可同时辨识读取数个 RFID 标签。

② 体积小型化、形状多样化。RFID 在读取上并不受尺寸大小与形状的限制，无须为了读取精确度而配合纸张的固定尺寸和印刷品质。此外，RFID 标签可往小型化与多样形态发展，以应用于不同产品。

③ 抗污染能力和耐久性。传统条形码的载体是纸张，因此容易受到污染，但 RFID 对水、油和化学药品等物质具有较强抵抗性。此外，由于条形码是附于塑料袋或外包装纸箱上的，所以特别容易受到折损；RFID 卷标是将数据存在芯片中，因此可以免受污损。

④ 可重复使用。现今的条形码印刷上去之后就无法更改，RFID 标签则可以重复地新增、修改、删除 RFID 卷标内存储的数据，方便信息的更新。

⑤ 穿透性和无屏障阅读。在被覆盖的情况下，RFID 能够穿透纸张、木材和塑料等非金属或非透明的材质，并能进行穿透性通信。而条形码扫描机必须在近距离而且没有物体阻挡的情况下，才可以辨读条形码。

⑥ 数据的记忆容量大。一维条形码的容量是 50 字节，二维条形码最大的容量可存储 2~3 000 个字符，RFID 最大的容量则有数兆字节。随着记忆载体的发展，数据容量也有不断扩大的趋势。未来物品所需携带的资料量会越来越大，对卷标所能扩充容量的需求也相应增加。

⑦ 安全性。由于 RFID 承载的是电子式信息，其数据内容可经由密码保护，使其内容不易被伪造及变造。

近年来，RFID 因其所具备的远距离读取、高存储量等特性而备受瞩目。它不仅可以帮助一个企业大幅提高货物、信息管理的效率，还可以让销售企业和制造企业互联，从而更加准确地接收反馈信息，控制需求信息，优化整个供应链。

（7）RFID 卡与接触式 IC 卡

RFID 卡（RF 卡）是一种以无线方式传送数据的集成电路卡片，它具有数据处理及安全认证功能等特有的优点。

RF 卡在读写时是处于非接触操作状态，避免了由于接触不良所造成的读写错误等误操作，同时避免了灰尘、油污等外部恶劣环境对读写卡的影响。

与接触式 IC 卡相比较，射频卡具有以下优点：

① 可靠性高。卡与阅读器之间无机械接触，避免了由于接触读写而产生的各种故障。例如，由于粗暴插卡、非卡外物插入、灰尘、油污导致接触不良等原因造成的故障，卡表面无裸露的芯片，无须担心芯片脱落、静电击穿、弯曲损坏等问题。

② 操作方便、快捷。由于非接触通信，阅读器在 1~10 cm 范围内就可以对卡片操作，所以不必像 IC 卡那样进行插拔工作；非接触卡使用时没有方向性，卡片可以任意方向掠过阅读器表面，可大大提高每次使用的速度。

③ 防冲突。射频卡中有快速防冲突机制，能防止卡片之间出现数据干扰，因此阅读器可以同时处理多张非接触式射频卡。

④ 应用范围广。射频卡的存储器结构特点使它一卡多用；可应用于不同的系统，用户根据

不同的应用设定不同的密码和访问条件。

⑤ 加密性能好。射频卡的序列号是唯一的，制造厂家在产品出厂前已将此序列号固化，不可再更改。

射频卡与阅读器之间采用双向验证机制，即读写器验证射频卡的合法性，同时射频卡也验证读写器的合法性；处理前，卡要与阅读器进行三次相互认证，而且在通信过程中所有的数据都加密。此外，卡中各个扇区都有自己的操作密码和访问条件。

四、RFID 后续发展及应用领域

（1）RFID 后续发展

射频识别技术的发展，一方面受到应用需求的驱动，另一方面射频识别技术的成功应用反过来又将极大地促进应用需求的扩展。从技术角度说，射频识别技术的发展体现在若干关键技术的突破。从应用角度来说，射频识别技术的发展目的在于不断满足日益增长的应用需求。

射频识别技术的发展得益于多项技术的综合发展。所涉及的关键技术大致包括芯片技术、天线技术、无线收发技术、数据变换与编码技术、电磁传播特性。

随着技术的不断进步，射频识别产品的种类将越来越丰富，应用也越来越广泛。可以预计，在未来的几年中，射频识别技术将持续保持高速发展的势头。射频识别技术的发展将会在电子标签（射频标签）、阅读器、系统种类等方面取得新进展。

在电子标签方面，电子标签芯片所需的功耗更低，无源标签、半无源标签技术更趋成熟。其作用距离将更远，无线可读写性能也将更加完善，并且能够适合高速移动物品识别，识别速度也将更加快，具有快速多标签读写功能。与此同时，在强磁场下的自保护功能也会更加完善、智能性更强，成本更低。在阅读器方面，多功能阅读器，包括与条码识别集成、无线数据传输、脱机工作等功能将被更多的应用。同时，多种数据接口包括 RS-232、RS-422/485、USB、红外、以太网口也将得到应用。而阅读器将实现多制式多频段兼容，能够兼容读写多种标签类型和多个频段标签。阅读器会朝着小型化、便携式、嵌入式、模块化方向发展，成本将更加低廉，应用范围更加广泛。在系统方面，低频近距离系统将具有更高的智能、安全特性；高频远距离系统性能将更加完善，成本更低。而 2.45 GHz 和 5.8 GHz 系统将更加完善。同时，无芯片系统将逐渐得到应用。

在通常情况下，RFID 芯片是非常不易被伪造的。黑客需要对无线工程、编码演算以及解密技术等各方面有深入研究。此外，在标签上可以对数据采取分级保密措施，使得数据在供应链上的某些点可以读取，而在其他点却不能读取。一些 RFID 标准规定了额外的安全措施。由于具备这些先天的安全性，美国食品药品监督管理局（FDA）已经提倡使用 RFID 作为药品防伪的手段之一。标准的 EPC 标签具有防篡改的安全保护，标准通信协议中包含了数据加密，以及要求在数据传输之前，标签和阅读器之间要建立安全连接，这就使得篡改 EPC 代码非常困难。失效（杀死）标签，从而使其中的数据永远无法再被读到，是零售和快速消费品行业为保护顾客隐私而提出的需求，所以标准支持这个功能。这也就提出了认证的需要，以防止标签被未经授权地或者意外地失效。扩展的安全方面的需求取决于标签如何被使用，因此对读写设备特点的要求超过了只读取标准标签的底线。另外，可利用多种方式来实现与标准 Gen2 产品不同的安全性扩展，

"外壳"功能使标签只能与被授权的阅读器通信。在标签回应通信请求之前,阅读器必须提供密码,同样,写入数据或者将标签失效也需要密码。

总而言之,射频识别技术未来的发展中,在结合其他高新技术,如 GPS、生物识别等技术,由单一识别向多功能识别方向发展的同时,将结合现代通信及计算机技术,实现跨地区、跨行业应用。

(2)应用领域分析

射频识别技术以其独特的优势,逐渐被广泛应用于工业自动化、商业自动化和交通运输控制管理等领域。随着大规模集成电路技术的进步以及生产规模的不断扩大,射频识别产品的成本将不断降低,其应用将越来越广泛。如表 1-1 所示,列举了射频识别技术几个典型的应用。

表1-1 射频识别技术典型应用

典型应用领域	具体应用
车辆自动识别管理	铁路车号自动识别是射频识别技术最普遍的应用
高速公路收费及智能交通系统	高速公路自动收费系统是射频识别技术最成功的应用之一,它充分体现了非接触识别的优势。在车辆高速通过收费站的同时完成缴费,解决了交通的瓶颈问题,提高了车行速度,避免拥堵,提高了收费结算效率
货物的跟踪、管理及监控	射频识别技术为货物的跟踪、管理及监控提供了快捷、准确、自动化的手段。以射频识别技术为核心的集装箱自动识别,成为全球范围最大的货物跟踪管理应用
仓储、配送等物流环节	射频识别技术目前在仓储、配送等物流环节已有许多成功的应用。随着射频识别技术在开放的物流环节统一标准的研究开发,物流业将成为射频识别技术最大的受益行业
电子钱包、电子票证	射频识别卡是射频识别技术的一个主要应用。射频识别卡的功能相当于电子钱包,实现非现金结算。目前主要的应用在交通方面
生产线产品加工过程自动控制	主要应用在大型工厂的自动化流水作业线上,实现自动控制、监视,提高生产效率,节约成本

想一想:
你在生活中有什么地方使用到了 RFID 技术?

(3)智能家居常用通信技术对比

社会的不断发展,无线的优点已经逐步显现。例如,无线通信覆盖范围大,几乎不受地理环境限制;无线通信可以随时架设,随时增加链路,安装、扩容方便;无线通信可以迅速(数十分钟内)组建起通信链路,实现临时、应急、抗灾通信的目的,而有线通信则有地域的限制、较长的响应时间。无线通信在可靠性、可用性和抗毁性等方面走出了传统的有线通信方式,尤其在一些特殊的地理环境下,无线比有线方便得多。随着无线通信的发展及成熟,它被广泛应用在工业控制、医疗、汽车电子等领域。

ZigBee、Wi-Fi、蓝牙等几种无线技术的对比如表 1-2 所示。

表1-2　几种无线技术的参数对比

名　称	ZigBee	RFID	NFC	蓝牙	Wi-Fi
通信距离	2~20 m	1 m	20 m	20~200 m	20~200 m
频段	2.4 GHz	范围广（125 kHz~39 GHz）	13.56 MHz	2.4 GHz	2.4 GHz
安全性	中等	高	极高	高	低
优点	短距离、低功耗、低数据速率、低成本、低复杂度	成本很低	成本低，功耗低	用量很大、对语音最优	使用现有网络，高速率、前向后向兼容
主要应用	无线传感器、医疗、智能家居等	读取数据，取代条形码	手机、近场通信	通信、汽车、IT、多媒体、工业、医疗、教育等	无线上网、PC等

做一做：
对这些技术做一个总结。

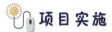 项目实施

任务一　学习常见智能家居系统的结构

（一）设计原则

1. 实用性

智能家居最基本的目标就是为人们提供一个舒适、安全、方便和高效的生活环境。对智能家居产品来说，最重要的是以实用为核心，摒弃那些华而不实、只能充当摆设的功能，应以实用性、易用性和人性化为主。

在设计智能家居系统时，应根据用户对智能家居功能的需求，整合以下最实用、最基本的家居控制功能：智能家电控制、智能灯光控制、电动窗帘控制、防盗报警、门禁对讲、煤气泄漏报警等，同时还可以拓展诸如三表抄送、视频点播等服务增值功能。对很多个性化智能家居的控制方式很丰富多样，如本地控制、远程控制、集中控制、手机远程控制、感应控制、网络控制、定时控制等，其本意是让人们摆脱烦琐的事务，提高效率，如果操作过程和程序设置过于烦琐，容易让客户产生排斥心理。所以对智能家居设计时一定要充分考虑到用户体验，注重操作的便利化和直观性，最好采用图形图像化的控制界面，让操作所见即所得，如图1-34所示。

2. 可靠性

整个建筑的各个智能化子系统应能24 h运转，系统的安全性、可靠性和容错能力必须给予高度重视。对各个子系统，以电源、系统备份等方面采取相应的容错措施，保证系统正常、安全地使用，保证质量、性能良好，具备应对各种复杂环境变化的能力。

图1-34 智能家居一键控制

3. 标准性

智能家居系统方案的设计应依照国家和地区的有关标准进行，保证系统的扩充性和扩展性，在系统传输上采用标准的 TCP/IP 网络技术，保证不同厂商之间系统可以兼容和互联。

系统的前端设备是多功能、开放的、可以扩展的设备。如系统主机、终端与模块采用标准化接口设计，为家居智能系统外部厂商提供集成的平台，而且其功能可以扩展，当需要增加功能时，不必再开挖管网，简单可靠、方便节约。设计选用的系统和产品能够使本系统与未来不断发展的第三方受控设备进行互通、互联。

4. 方便性

布线安装是否简单直接关系到成本、可扩展性、可维护性等问题，一定要选择布线简单的系统，施工时可与小区宽带一起布线。设备方面容易掌握、操作，维护简便。家庭智能化有一个显著的特点，就是安装、调试与维护的工作量非常大，要投入大量的人力物力，因此成为制约行业发展的瓶颈。

针对这个问题，系统在设计时，就应考虑安装与维护的方便性，如系统可以通过 Internet 远程调试与维护。通过网络，不仅使住户能够实现家庭智能化系统的控制功能，还允许工程人员可远程检查系统的工作状况，对系统出现的状况进行诊断。这样系统设置与版本更新可以在异地进行，从而大大方便了系统的应用与维护，提高了响应速度，降低了维护成本，如图1-35所示。

图1-35 智能家居安装维护方便性

(二)客户需求分析

目前的消费观念正在转变,应用需求已提出,产品市场正在走向成熟,智能家居个性化定制已经成为一种潮流。

智能家居系统根据不同的用户有不同的需求,盲目地安装智能家居产品不仅会令以后的智能家居生活体验大打折扣,还会让支出大大增加。家庭安防、报警系统、智能照明系统是绝大多数家庭必需的部分,我们还可以按照自己的特殊需求来安装,如电影音乐发烧友可以安装家庭娱乐系统、背景音乐等,除此之外还有宠物照看、家庭自动灌溉、家庭看护、家电集中控制、远程监控等。智能家居产品具有个性化的特点,可以随意组合,从而满足不同人群对智能的要求,这可以让用户最大限度地利用手中的钱来做更多的事。

在需求中最重要的不是智能化如何先进、高档,而是智能家居系统如何与家居环境有机地融为一体,脱离了家居环境的智能家居就是一堆线缆、配件的"垃圾"。智能家居必须有个性,也要体现每一个智能家居主人的风格。

智能化不是孤立的一部分,它需要和家居装修的其他部分紧密结合,这样才能统一协调、有效运作。

(三)常见结构

智能家居系统主要由控制主机(又称智能网关)、传感器、遥控器、智能开关、智能插座以及家庭网络组成。

> **想一想:**
> 如果由你来设计一个智能家居系统,会设计成什么样子?

任务二 掌握智能家居体验间系统架构

智能家居总体设计架构图如图 1-36 所示。

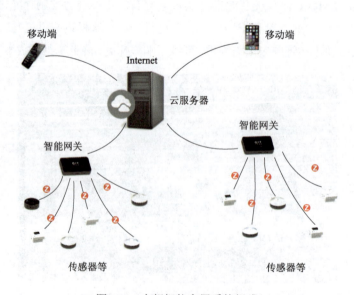

图1-36 企想智能家居系统组成

智能家居的"神经系统"如下：

① 大脑——云服务器。

② 神经元——网关。

③ 神经末梢——传感器。

大家都知道，每个人都有一套高效完善的神经系统，用来把大脑中的信息传递到身体的每个部分每个器官，并且把外界感官和内部器官的状态反馈给大脑去处理。同样地，也可以把智能家居系统比作是人们身体的神经系统，如图1-37所示。

这里举一个小例子以快速理解整个系统的运行过程：假如小王正在上晚自习，突然教室停电了，他的眼睛什么也看不到了。在黑暗的环境中适应了一段时间后小王又能模糊地看到教室内的一些东西了，这就是神经系统的调节作用。而当小王在光线强的环境中时，眼睛瞳孔是缩小状态，减少光线进入眼内。教室内突然停电，小王周围的光线突然减弱，眼睛感受到后通过神经传导把

图1-37　人体神经系统

信号给到大脑，大脑处理过信息后通过神经传导告诉瞳孔，让瞳孔增大，增加光线进入眼内，然后小王又能看到黑暗中的一些东西了。

人类的神经系统大体上可分为三个部分，分别是大脑、神经元和神经末梢。

其中，大脑的作用非常重要，它作为人体中一切信息的中枢和处理中心，承载着身体用到的一切信息，这一点和智能家居系统中的云服务器有着异曲同工之妙，所有环境数据、家电的状态、个性化情景模式的配置等一切的信息，都会存放在云服务器的数据库中（见图1-38），然后在人们需要时，云服务器就会把这些信息处理成人们能看明白的形式，展现在手机、计算机和网页上，最后直观地反应到人们的眼睛里；同样的，当人们想要控制各个家电、选择情景模式、打开监控视频时，从各种客户端发来的控制命令都会汇总到服务器中，服务器收到命令后先对它们进行处理，然后按照一定的次序，把这些命令分发出去，去控制家中的各种设备。

图1-38　云服务器

神经元则是构成神经系统结构和功能的基本单位，它起到承上启下的作用，既承载着大脑发来的各种信息，又不断接受着身体各个器官发来的信息。智能家居中的智能网关也是类似的概念（见图1-39）。一方面，服务器不断发来控制命令等信息，网关收到后通过对比命令的正确与否，决定是否控制各个设备；另一方面，各个传感器结点都会不断上报环境参数等数据给网关，网关经过初步的数据处理后，将这些数据再打包发给服务器。

图1-39　智能网关

神经元还有另外一个特点，简单来说，一个大脑，可以支配无数个神经元。在智能家居系

统中也是一样，一个服务器下面可以有很多个智能网关。比如一户三室一厅的住宅，多间房间和厅里可以各安装一个智能网关，这四个智能网关可以分别管理这四个空间里的所有家电和传感器，然后汇总到统一的云服务器中，这样所有的信息都能由这个云服务器来集中管理。

而第三部分呢，则是神经系统中散布得最广的一部分，就是人们的神经末梢。人体的神经末梢遍布全身，通过发达的神经末梢人们可以快速感受环境、适应环境或者控制肌肉做出任何能够做出的动作。同样地，智能家居系统也可以快速感应环境或者控制家电设备实现各种个性化定制的情景模式。这依靠的是什么？依靠的就是强大的传感器结点系统。负责环境监测的有温湿度、光照度、PM2.5、二氧化碳、气压、烟雾、燃气等各式各样的传感器（见图1-40），负责控制家电的有各种类型的继电器和红外转发器等，比起人类的五感功能更加丰富，而且准确性也比人类的五感要强大。这些各式各样的传感器，就如同人们身体内无数的神经末梢一般，帮助人们的智能家居系统操控家中的家电和感知外面的世界。

图1-40　传感器

传感器是整个智能家居系统中的末端，通过传感器我们可以采集到房间内环境的温度、湿度、光照、空气成分等信息，感知居室不同部分的微观状况，从而对空调、门窗以及其他家电进行自动控制，传感器功能如图 1-41 所示。

图1-41　传感器功能

通过上面的小例子可以清晰地理解智能家居的运行过程，人体的感知能力非常强大，温度是寒冷还是燥热，湿度是干燥还是潮湿，空气是浑浊还是清新，味道的酸甜苦辣咸等，对应到智能家居系统里面，传感器的种类也是丰富多样的，下面我们就和人体的感知对照着介绍一下常见的传感器。

> **想一想：**
> 现实生活中，家庭中有哪些物理量可以测量？

（1）光照度传感器

如主人在家时，时间是晚上，亮度已经下降到特定的范畴以下，系统会自动打开主人周边的照明设备，方便主人的生活。使用光照度传感器，主要用于测量室内可见光的亮度，以便调整室内亮度。光照度传感器就像人体的眼睛一样，能够感受到环境光照的强弱，图1-42为企想光照度传感器。

（2）温度传感器

一年四季，一天24h存在或大或小的温差，根据不同的温度，系统将启动室内的降温或取暖设备，使人们的生活更舒适。使用温度传感器主要用于测量室内的温度，从而方便调节室内温度。

（3）湿度传感器

一年中有的季节潮湿，有的季节干燥，系统可根据需要调节室内的空气湿度，保持在最适宜人们居住的状态。使用湿度传感器，主要用于测试室内的湿度，方便调节。温湿度传感器就像我们人的皮肤一样，能够感觉到环境的温湿度，图1-43为企想湿度传感器。

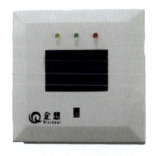　　　　　　　　

图1-42　企想光照度传感器　　　　　图1-43　企想湿度传感器

（4）PM2.5传感器

PM2.5是指环境空气中空气动力学当量直径小于等于2.5 μm的颗粒物，它能较长时间悬浮于空气中，其在空气中含量浓度越高，就代表空气污染越严重。PM2.5传感器用于获得空气中单位体积内PM2.5的浓度数据。

（5）烟雾传感器

烟雾原意是空气中的烟煤与自然雾相结合的混合体。目前此词含义已超出原意范围，用来泛指由于工业排放的固体粉尘为凝结核所生成的雾状物（如伦敦烟雾），或由碳氢化合物和氮氧化物经光化学反应生成的二次污染物（如洛杉矶光化学烟雾）是多种污染物的混合体形成的烟雾。

（6）燃气传感器

燃气是气体燃料的总称，它能燃烧而放出热量，供城市居民和工业企业使用。燃气的种类很多，主要有天然气、人工燃气、液化石油气、沼气和煤制气等。

PM2.5、二氧化碳、烟雾和燃气这四种物质是我们现实生活中息息相关的，其中任意一个含量超标都会引起人们的身体不适，严重的会危及生命。PM2.5 传感器、二氧化碳传感器、烟雾传感器、燃气传感器就像是人们的鼻子和肺，只是传感器能实时准确监测环境中的物质含量，如图 1-44 所示。

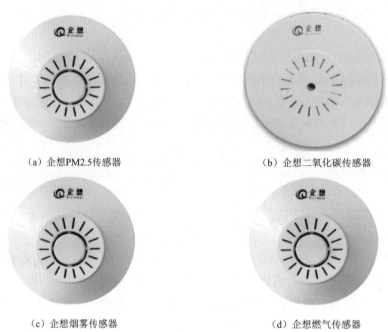

(a) 企想PM2.5传感器　　　　(b) 企想二氧化碳传感器

(c) 企想烟雾传感器　　　　(d) 企想燃气传感器

图1-44　企想传感器

（7）气压传感器

气压是作用在单位面积上的大气压力，即在数值上等于单位面积上向上延伸到大气上界的垂直空气柱所受到的重力。下雨时或者高原地区气压很低，人们会有胸闷的感觉，所以气压传感器就像人们的肺部一样，能实时监测大气压强，图 1-45 为企想气压传感器。

（8）继电器传感器

继电器（Relay）是一种电控制器件，是当输入量（激励量）的变化达到规定要求时，在电气输出电路中使被控量发生预定的阶跃变化的一种电器。它实际上是用小电流去控制大电流运作的一种"自动开关"。故在电路中起自动调节、安全保护、转换电路等作用。继电器传感器类似于人体的手臂，当大脑发出命令时由手臂来完成相应的操作。图 1-46 为企想继电器传感器。

图1-45　企想气压传感器

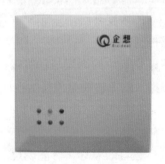

图1-46　企想继电器传感器

(9) 人体红外传感器

人体红外传感器是一种可探测静止人体的红外热释感应器（见图1-47），由透镜、感光元件、感光电路、机械部分和机械控制部分组成。人体红外感应器好像蛇的感知系统，在夜间监视周围的活动情况，只要人在距离感应器小于或等于 8 m 的位置时，视野角度为 120°，就能开启监视器，并启动防盗报警。

(10) RFID 门禁传感器

RFID 技术是一种通信技术，可通过无线电信号识别特定目标并读写相关数据，而无需识别系统与特定目标之间建立机械或光学接触。门禁系统在现在的小区安保中应用的比较广泛，智能家居中的门禁系统在传统的门禁系统中加上了远程控制，做到了远程控制和布防。RFID 门禁传感器是继电器传感器的基础上的延伸，如图1-48 所示。

图1-47　企想人体红外传感器

图1-48　企想RFID门禁传感器

从上面传感器的介绍中可以看到传感器的种类非常多，在实际的应用中人们会根据具体的需求来确定用什么样的传感器。传感器在整个系统中既要收集环境的实时信息，又要执行网关发送过来的执行命令，所以传感器在系统中是不可或缺的。智能家居只是物联网在家庭方面的应用，如果掌握了传感器的使用和整个系统的运作，就可以按照自己的想法来做智能应用。

> 想一想：
> 还有哪些传感器是生活中常见的？

任务三　学习典型智能家居App案例的使用方法

上海企想信息技术有限公司已经把智能家居产品化，整个办公楼都采用了智能家居系统，通过智能手机就能控制公司所有的灯光设备、空调、窗帘、门禁，还能实时监测办公环境的状态。相信在技术和市场的推动下智能家居市场会越来越火爆，到那时智能生活就会真正走进千家万户，为社会的发展做出巨大的贡献。

客户端软件需要和主机配合使用，所有操作都需要登录到服务器才能实现，App 可以在软件资料里面获取。通过手机打开"智能家居 App"，客户端软件登录界面如图 1-49（a）所示。

在手机中找到企想智能家居软件，打开后会有一个提示启动界面，如图 1-49（b）所示。

(a)软件图标　　　　　　　　　　　　(b)软件启动界面

图1-49　智能家居App

启动完成后需要用账户密码登录到服务器，并输入相应的服务器的IP地址，如图1-50所示。

(a)登录界面　　　　　　　　　　　　(b)IP配置界面

图1-50　智能家居App登录与配置界面

登录成功后会看到房间的选择，进入到相应的房间后会看到相应的采集信息，点击相应的控制区域可以控制电器，如图 1-51 所示。

（a）房间选择界面

（b）数据采集界面

（c）窗帘控制界面

（d）空调控制界面

图　1-51

（e）门禁控制界面　　　　　　　　　　（f）灯光控制界面

图1-51　智能家居App界面

拓展提升

1. 时下流行的"云"到底是什么？

我们先引用百度百科中对"云"这一互联网新概念的释义："云是指你作为接受服务的对象，是云端，不管你在何时何地，都能享受云计算提供的服务。云是网络、互联网的一种比喻说法"，最通俗的说法就是，通过大型的服务器或者大型机房，把我们计算机、手机、平板电脑等网络上所有的数据，进行计算、分析和搬运，这就是云概念最广义的定义。

这里不得不提到两个最重要的概念："云计算"（见图1-52）和"云服务"（见图1-53）。

图1-52　云计算　　　　　　　　　　图1-53　云服务

云计算是基于互联网的相关服务的增加、使用和交付模式，通常涉及通过互联网来提供动态易扩展且经常是虚拟化的资源。云计算甚至可以让人们体验每秒10万亿次的运算能力，拥有这么强大的计算能力可以模拟核爆炸、预测气候变化和市场发展趋势。用户通过计算机、手机等方式接入数据中心，按自己的需求进行运算。

云计算的基本原理是：通过使计算分布在大量的分布式计算机上，而非本地计算机或远程服务器中，企业数据中心的运行将更与互联网相似。这使得企业能够将资源切换到需要的应用上，根据需求访问计算机和存储系统。这可是一种革命性的举措，它意味着计算能力也可作为一种商品进行流通，就像煤气、水电一样，取用方便，费用低廉。最大的不同在于，它是通过互联网进行传输的。在未来，只需要一台笔记本或者一个手机，就可以通过网络服务来实现人们需要的一切，甚至是超级计算这样的任务。

云服务（见图1-54）是基于互联网的相关服务的增加、使用和交付模式，通常涉及通过互联网来提供动态易扩展且经常是虚拟化的资源。云服务指通过网络以按需、易扩展的方式获得所需服务。这种服务可以是IT和软件、互联网相关，也可以是其他服务。它意味着计算能力也可作为一种商品通过互联网进行流通。

图1-54　云服务器

所以，总结下来，所谓"云"，就是把大数据分布式处理作为一种服务，使其具有商业价值，然后应用在我们生活的方方面面。

2. 你想象中的"互联网+"时代是什么样的?

通俗的说，"互联网+"就是"互联网+各个传统行业"，但这并不是简单的两者相加，而是利用信息通信技术以及互联网平台，让互联网与传统行业进行深度融合，创造新的发展生态。它代表一种新的社会形态，即充分发挥互联网在社会资源配置中的优化和集成作用，将互联网的创新成果深度融合于经济、社会各领域之中，提升全社会的创新力和生产力，形成更广泛的以互联网为基础设施和实现工具的经济发展新形态，如图 1-55 所示。

"互联网+"具有六大特征：

① 跨界融合。"+"就是跨界，就是变革，就是开放，就是重塑融合。敢于跨界，创新的基础就更坚实；融合协同了，群体智能才会实现，从研发到产业化的路径才会更垂直。融合本身也指代身份的融合，客户消费转化为投资，伙伴参与创新，等等，不一而足。

② 创新驱动。中国粗放的资源驱动型增长方式难以为继，必须转变到创新驱动发展这条正确的道路上来。这正是互联网的特质，用所谓的互联网思维来求变、自我革命，也更能发挥创新的力量。

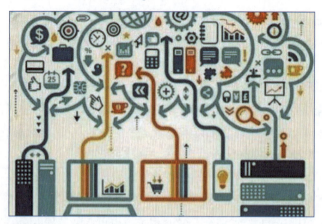

图1-55 "互联网+"时代

③ 重塑结构。信息革命、全球化、互联网业已打破了原有的社会结构、经济结构、地缘结构、文化结构。权力、议事规则、话语权不断在发生变化。"互联网+"社会治理、虚拟社会治理会是很大的不同。

④ 尊重人性。人性的光辉是推动科技进步、经济增长、社会进步、文化繁荣的最根本的力量，互联网的力量之强大最根本地也来源于对人性最大限度的尊重、对人的敬畏、对人的创造性发挥的重视。例如 UGC、卷入式营销、分享经济。

⑤ 开放生态。关于"互联网+"，生态是非常重要的特征，而生态的本身就是开放的。人们推进"互联网+"，其中一个重要的方向就是要把过去制约创新的环节化解掉，把孤岛式创新连接起来，让研发由人性决定的市场驱动，让创业努力者有机会实现价值。

⑥ 连接一切。连接是有层次的，可连接性是有差异的，连接的价值是相差很大的，但是连接一切是"互联网+"的目标。

> **说一说：**
> 你所知道的"云"是什么样的？

练 习

1. 以下哪两层是由 Zigbee 联盟定义的？
   A. 物理层、应用层　　　　　　B. 应用层、网络层
   C. 网络层、MAC 层　　　　　　D. MAC 层、物理层
2. Zigbee 的设备类型需要哪些？
   A. 终端设备　　B. 路由器　　　C. 协调器　　　　D. 以上都是
3. 以下符合家居系统结构的结构设计原则的是？
   A. 实用性　　　B. 可靠性　　　C. 方便性　　　　D. 以上都是
4. 智能家居常用通用技术有哪些？
5. Zigbee 协议的技术特点有哪些？

项目二
智能家居安防报警系统

视频
安防报警系统

项目描述

本项目将详细介绍智能家居控制系统中的重要子系统——安防报警系统,包括了智能家居安防报警系统的功能、优点、相关技术和应用范围等相关知识。此外还介绍了智能家居安防报警系统所需用到的单品,包括RFID、人体红外传感器和报警灯。在本项目的最后设有项目实训部分,让学生能够通过项目实训来进一步巩固相关知识并且检验安防报警系统的安装与配置是否成功。

相关知识

一、智能家居安防报警系统介绍

1. 什么是智能家居安防报警系统

智能家居安防报警系统是集信息技术、网络技术、传感技术、无线电技术、模糊控制技术等多种技术为一体的综合应用,利用现代的宽带信息网络和无线电网络平台,将家电控制、家庭环境控制、家庭监视监测、家庭安全防范、家庭信息交流服务集为一体构成的智能系统产品,是具有较强的技术性和前瞻性的新产品。报警系统采用物理方法或电子技术,自动探测发生在布防监测区域内的侵入行为,产生报警信号,并提示相关人员发生报警的区域部位,显示可能采取对策的系统。

2. 系统的分类

① 有线报警系统:是指传感器和报警主机之间采用的是有线传输的方式。适合于被警戒的现场与报警主机距离不太远,或者对稳定性要求较高的情况。一般应在房屋建筑设计时预先考虑安装线路的铺设。

② 无线报警系统:无线报警系统是指传感器和报警主机之间采用无线通信的方式将信号连

通，即借助空间电磁波来传输电信号。无线报警系统特别适合于在点位较多、现场的分布又较分散、较远或不便架设传输线的场所采用。

3. 系统的组成

安防报警系统通常由传感器（又称报警器）、传输通道和报警控制器三部分构成。报警主机是报警系统的"大脑"部分，处理传感器的信号，并且通过键盘等设备提供布/撤/防操作来控制报警系统。在报警时可以提供声/光提示，同时还可以通过电话线将警情传送到报警中心。报警传感器是由传感器和信号处理组成的，用来探测入侵者入侵行为，由电子和机械部件组成的装置，是防盗报警主机的关键，而传感器又是报警传感器的核心元件。采用不同原理的传感器件，可以构成不同种类、不同用途，达到不同探测目的的报警探测装置。

二、智能家居安防报警系统的功能

1. 紧急按钮

紧急按钮是一个快速、简单的求助方式，当发生火灾或紧急情况时，可以触发按钮请求救援。在家庭安防系统中，这种紧急按钮既可以是一个实体按钮也可由触控面板来代替，紧急按钮将信号发送到家庭自动化或楼宇管理系统中，物业或安保中心就可以收到报警通知。在家里安装紧急按钮并不常见，但是这种紧急按钮又特别适合家里有老人和孩子的家庭使用，因此按钮应安装在床边、厕所及容易接触到的地方，如图2-1所示。

图2-1 紧急按钮

2. 自动警报和"SOS"

自动警报和"SOS"通过家里安装的传感器来探测非法入侵行为。当传感器被触发时，报警主机也会发出报警鸣笛提醒发生异常现象，而该报警信号也会通过家庭终端或楼宇管理系统发送至物业部门。接警后的监控中心和物业安保人员可以马上报警，或到家里查看情况，以防不测，如图2-2所示。

3. 警报和事件管理

当户主离家后，家庭安防报警系统将自行启动，时刻处于"备战"状态。报警事件管理是当住户家中触发报警后，会通过终端控制系统显示报警类型，如门窗报警、煤气报警，甚至老人倒地报警都可以实现。

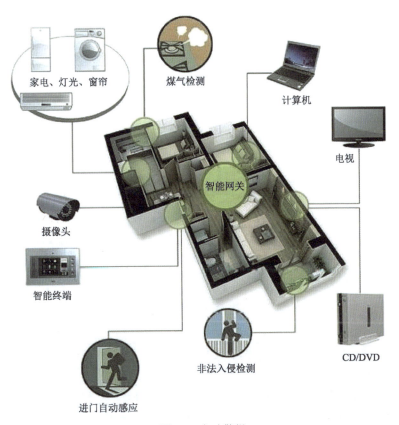

图2-2　自动警报

4. 自动拨号通知系统

智能楼宇中的智能控制安防系统，允许用户设置多个紧急联系电话。触发不同类型的报警可以联系到不同的人，用户也可以设置报警系统将报警信息以推送的方式发送到手机上，这种自动远程报警通知在家庭安防系统中十分普遍，如图2-3所示。

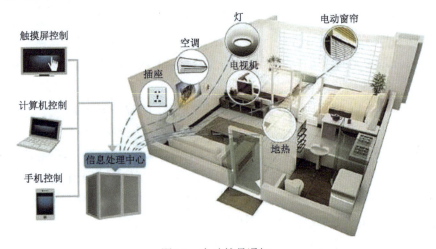

图2-3　自动拨号通知

三、智能家居安防报警系统相关技术

目前，安防报警系统主要有以下三种类型：声光报警技术、智能报警技术和网络报警技术。

1. 声光电报警技术

声光电报警技术：采用简单的声光电报警手段，或者仅仅加上一种远距离遥控器和跳码芯片或者数字器件完成报警。

工作原理：在住户的门上安装一个无线程控门铃，及一个弹簧按钮并联在门铃上，中间加一个开关，当主人在家时，断开此开关，门铃照用；当主人不在家时，关上门弹簧按钮处于压缩状态，报警器的电路处于断开状态，当小偷撬开门时，弹簧按钮处于松动状态，报警器被接通，警铃报警。

2. 智能报警技术

智能报警技术：采用灵敏传感器，通过控制器控制传感装置完成报警。

工作原理：在打开门之前，要先敲一下门，给控制器输入一个震动信号，若没有震动信号就监测到位移信号，则报警器立即报警。当控制器监测到震动信号则开始计时并监测在规定时间内的震动次数，如果监测到的震动信号是位移信号，则不予报警；如果超出时间未监测出位移信号的输入，则认为前面的信号为干扰信号，不予报警；如果直接监测到位移信号，则是破门而入，直接报警。

3. 网络报警技术

网络报警技术就是依靠庞大的电话网络和 GSM 网络、Internet 网络以及 GPS 等基础构造的先进报警技术。主要有以下几种：

（1）电话监控和报警装置

该装置可以自动监控火灾、烟雾、漏水、入侵以及其他预先设置的条件或者状况，并用电话网络实施报警。人们利用各种网络传输家庭中各种传感器的报警信息，从而实现对家中情况的及时掌握，起到安防报警的作用。

（2）可自动报警的无线电话

该电话上设有一个功能键，功能键与无线电话的控制电路相连，功能键被操作时，可在控制电路中产生对应的控制信号，并传送至无线电话内设的一个应用软件，在应用软件取得控制信号后，应用软件经由控制电路、控制无线电话的一个通信单元无线连接一个服务器，无线电话在与服务器相连时，应用软件可将一个异常资讯传送至服务器，服务器接收到异常资讯后，可供接警人员获知无线电话当前所在的位置，以及无线电话的使用者可能发生的危险状况。

（3）移动电话报警器

可以预设距离，物品离开手机时，如果超出预设距离，实现手机报警。

4. 安防报警系统工作原理

通常情况下，监控器处于休眠状态，当用户要出门、家中无人时，用户可以通过键盘启动监控器，监控器接到用户命令后，等待一段时间，让用户有足够的时间离开住宅，该时间过后，监控器会启动探头，让监控器真正处于布防状态，只要有人从探头的范围经过，而又不能在规定的时间内输入密码撤防，传感器立刻自动向报警主机自动发出报警信号，接到报警事件后，报警主机经过反复终端巡查，确定无误后，从存储器中取出电话号码，通过拨号芯片自动拨打报警

电话，待对方摘机后，启动语音电路，通知对方警情，如果对方没有摘机，连续拨打三次，进行现场报警。

四、安防报警系统的应用范围

智能安防报警系统以系统的可靠性为基础，并结合防盗报警、火灾报警和煤气泄露报警等系统，家庭中所有的安全探测装置，都连接到家庭智能终端，并联网到保安中心。外出时，只需按下手中的遥控器，报警系统就会自动进入防盗状态。期间如有歹徒企图打开门窗，就会触发门磁感应器，这时，报警系统主机会发出报警声，同时通过电话线将警情报告给数个指定电话，用户可以及时对家里情况进行异地监听，迅速采取应对措施，让歹徒得到相应的制裁，保障用户的财产和生命安全。

假如电线短路发生火灾，当烟火刚刚起时，烟雾传感器就会探测到，即发出警报声，提醒室内人员，并自动通过电话对外报警，以便得到迅速及时的处理，免遭更大损失；如果煤气发生泄露，煤气传感器马上发出警报声，并自动启动排风扇，避免室内人员发生不测，同时通过电话线也将警情自动报告给指定电话。若家中不幸遇到抢劫，或者家人突发急病，无法拨打电话，只需按下手中的遥控器或隐蔽求救器，即可在几秒内对外报警求救，从而获得最快支援。

安防报警系统实用原理如图2-4所示。

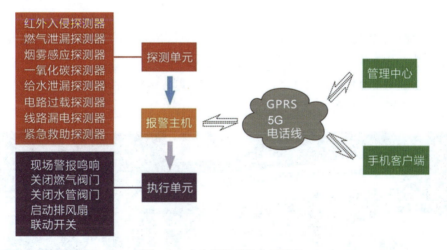

图2-4　安防报警系统实用原理

五、智能家居安防报警系统的优点

随着生活节奏不断加快，各种繁忙的工作致使人们照顾家庭的时间变得越来越少，而传统的家庭安防措施已无法满足人们的需求，智能安防系统应运而生。那么相对于传统安防系统，智能安防系统有哪些优点？

① 智能安防与传统安防的最大区别在于智能化。我国安防产业发展很快，也比较普及，但是传统安防对人的依赖性比较强，非常耗费人力，而智能安防能够通过机器实现智能判断，从而尽可能实现人们想做的事。

② 使用方便。自动化系统提供远程遥控接口。自动化系统还可以把重复的工作自动化，在用户外出时，还可以通过Internet和电话来调整或控制家电。

③ 安装简便。传统的安防系统设备体积大,需要单独安装;而智能安防系统体积小巧,可直接用底座上的双面便利贴粘在墙上。

④ 操作简单。传统的安防系统专业度高,对操作人员有一定的要求;智能安防系统操作平台是移动终端设备,随时可以查看家中的情况,是针对没有任何安防知识的普通用户设计的。

⑤ 安全性高。一套家庭自动化系统在紧急情况时可以防御坏人或报警。用户可以在任何地方监控该安全系统,这样可以保证用户的家居安全运行。

> **做一做:**
> 试着设计一套智能家居安防报警系统。

项目实施

任务一 学习"上海企想"智能家居体验间安防报警系统结构

随着经济的发展,社会的进步,人们的生活水平得到了很大的提高。享受生活之余,家居安全成为人们非常牵挂的事情。那么要做好家居安全防范,选择家庭智能安防报警系统是最合适不过的。

智能安防报警系统是同家庭的各种传感器、功能键、传感器及执行器共同构成家庭的安防体系,是家庭安防体系的"大脑"。报警功能包括防火、防盗、煤气泄露报警及紧急求助等功能,报警系统采用先进智能型控制网络技术,由微机管理控制,实现对匪情、盗窃、火灾、煤气、紧急求助等意外事故的自动报警,如图 2-5 所示。

图2-5 智能安防

这里以上海企想智能家居体验间中的安防报警系统为示例,描述一下常见的安防报警系统的结构,如图 2-6 所示。

> 项目二 智能家居安防报警系统

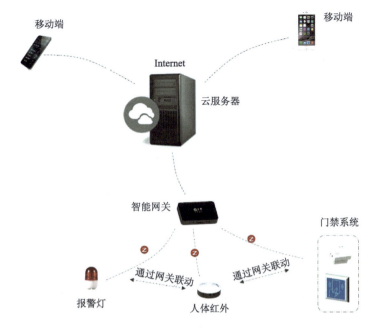

图2-6 智能安防报警系统结构示意图

这套智能安防报警系统采用智能网络专用协议传输，总线式通信，以最简洁的系统架构，便于设计、施工、使用和管理维护。其系统是由四大部分组成的，分别是传感器执行器、智能网关、云服务器和手机客户端。

其中传感器和执行器分别负责监测和控制，人体红外传感器负责监测人体的感应，报警灯负责执行报警动作，RFID门禁负责执行开关门动作。

智能网关起到承上启下的作用。一方面作为执行器结点和传感器结点的协调器、负责发送控制命令去操控器件和接受传感器上报的数据；另一方面，通过数据的打包和解析，进行与服务器的交互工作。

云服务器则是作为数据存储与数据处理的中心，对不同类型的上行下行数据做相应的存储、计算和转发工作。

手机客户端作为直接与人相互的部分，它会直接将安防的状态呈现在人们面前，并且人们能够直接操控手机客户端来控制安防系统。

接下来看一下这四个部分在实际情况中的通信过程，我们把这个过程分为两部分，第一部分是数据的监测，第二部分是执行器件的控制。

监测：当传感器收到监测数据后，传感器会将数据通过ZigBee的传输方式传输到智能网关中的协调器，然后再由智能网关打包数据，转发给服务器。服务器接收数据后进行解析与计算，将最终的数据给到手机客户端，呈现在客户面前，如图2-7所示。

图2-7 监测通信过程，从左至右

控制：客户通过操作客户端来发出控制命令，服务器接收到控制命令后会将其转发给智能网关，在智能网关中会对控制命令进行识别，若匹配，则会下发至网关中的协调器，再由协调器下发给执行器结点，最后执行器执行相应的动作，如图2-8所示。

图2-8　控制通信过程，从左至右

实际上，在使用时，大多数时间这套智能安防报警系统中的各个器件是相互联动着一起使用的：当进入安防模式时，如果人体红外传感器监测到有人体入侵，这时报警灯就会亮起，警示主人；如果主人离家时忘了锁门，一旦监测到有人体入侵，也会自动关闭门禁，并提示主人。甚至可以和其他系统中的器件进行联动和情景模式的设定。

在上海企想的这套智能安防报警系统中，包含有三种类型的传感器和执行器，分别是人体红外传感器、报警灯以及 RFID 智能门禁模块。

任务二　了解RFID智能门禁模块的相关原理及分类

（一）RFID 门禁背景介绍

随着社会的进步和人们生活水平的提高，越来越多的智能化产品融入到了人们的生活当中，其中应用最广泛也最常见的就是门禁系统。首先解读门禁的概念。"门"通道必经之所，"禁"限制管理。门禁就是对出入口通道管理的系统。

在没有智能化的门禁系统时，人们离开家只能在门口挂一把大锁，如果家里的房间比较多，那就要一大串的钥匙。钥匙丢了或者忘了带也是一件麻烦事。

传统的机械锁仅是简单的机械装置，无论机构设计多么合理，材料多么坚固，人们总可以通过各种手段打开。在出入人员很多的通道，比如说办公大楼、酒店客房，钥匙的管理就很麻烦，钥匙丢失或者人员更换就要把锁和钥匙一起更换。为了解决这一问题，就出现了电子锁。

初期的门禁系统通常被称为电子锁，主要为电子磁卡锁、电子密码锁（见图2-9），这两种锁的出现从一定程度上提高了人们对出入口通道的管理程度，使通道管理进入了电子时代。但磁卡故障率高，容易复制，密码容易泄露，卡片与读卡机之间磨损大等问题，逐渐也被淘汰，应用不是很广泛。

图2-9　电子密码锁

随着感应卡技术、生物识别技术的发展，门禁系统得到了飞跃式的发展，进入了成熟期，出现了感应卡式门禁系统、指纹门禁系统、虹膜门禁系统、面部识别门禁系统等各种技术的系统，它们在安全性、方便性、易管理性等方面都各有特长，门禁系统的应用领域也越来越广（见图 2-10）。目前使用最多的是感应卡门锁和 IC 卡门锁。

（a）指纹门禁　　　　　　　（b）感应卡式门禁　　　　　　（c）虹膜识别门禁系统

图2-10　门禁系统

（二）目前主流的门禁系统的基本功能

① 出入控制：对卡片的有效期及权限区域进行设定，严格控制出入人员的出入管理。

② 门禁级别定义及权限分配：以不同时段为时间表，应用于相应的门禁点形成门禁级别。系统应在持卡人定义上可分配相应的门禁权限级别。

③ 脱机运行：门禁控制器可以脱机管理；各种报警输出、记录保存等功能；网络恢复时，所有数据自动上传。

④ 强行进入报警：防止非法用户强行破门而入，控制主机通过监测门状态变化输入信号来触动报警联动机制。

⑤ 进出记录保存：所有进出数据均按照统一格式存储于服务器数据库中，可按各种条件自由查找，并可随时备份，解决传统纸质文档查找困难、难以长时间保存的问题。

⑥ 数据加密：所有数据加密存储于数据库中，防止未授权人员随意查看数据。

⑦ 实时监控：与实时视频监控系统的对接应用。

在互联网高速发展的今天，智能门禁系统也加入了"云"中，只要有网络的地方，轻轻一点就可为你打开门禁系统。

"互联网+"的门禁系统存在的优势：

① 支持网络云端服务的综合安全访问。

② 支持在移动手机端完成身份的登记及认证。

③ 支持移动密钥开门，可以通过智能手机或平板电脑方便和安全地访问。

④ 移动门禁介质可扩展，支持多种通信方式。

⑤ 支持移动端的门禁监控及人员实时管理。

（三）RFID门禁工作原理

典型的 RFID 系统由阅读器、电子标签、中间件和应用系统组成，其工作原理如图 2-11 所示。

1. 阅读器

阅读器又称读写器，是负责读写 RFID 卡上的信息。RFID 读写器的工作频率决定了整个 RFID 系统的工作频率，读写器的功率越大，读写器的有效距离越远。读写器根据结构和技术的不同可分为读或读/写装置，它是整个 RFID 系统的信息控制和处理中心。

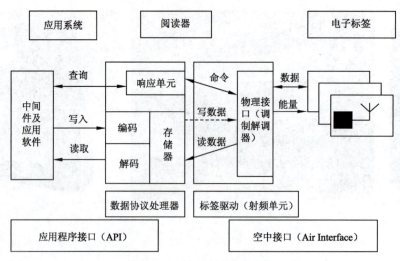

图2-11 RFID工作原理图

阅读器通常是由射频接口、逻辑控制单元和天线三部分组成,如图2-12所示。

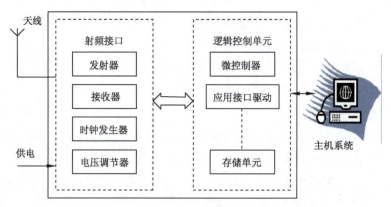

图2-12 阅读器结构

(1) 射频接口

射频接口模块的主要任务和功能如下:

① 产生高频发射能量,激活电子标签并为其提供能量。

② 对发射信号进行调制,将数据传送给电子标签。

③ 接收并调制来自电子标签的射频信号。

> 注意:
> 在射频接口中有两个分隔开的信号通道,分别来自阅读器和电子标签两个方向的数据传输。

(2) 逻辑控制单元

逻辑控制单元又称读写模块,主要的任务和功能如下:

① 与系统软件进行通信,执行应用系统软件的指令。

② 控制阅读器与电子标签之间的通行过程。
③ 信号的编码与解码。
④ 对阅读器和标签之间的通信数据进行加密和解密。
⑤ 执行防碰撞算法。
⑥ 对标签进行身份验证。

(3) 天线

天线是一种将接收到的电磁波信号转化为电流信号,或者将电流信号转化为电磁波信号发射出去的装置,在 RFID 的系统中,阅读器必须通过天线发射能量,形成电磁场,通过电磁场对电子标签进行识别。因此,阅读器天线所形成的电磁场范围即为阅读器的可读范围。

2. 电子标签

电子标签也称智能标签,是由 IC 芯片和无线通信天线组成的超微型的小标签,内置射频天线用于和阅读器之间的通信,电子标签是 RFID 系统中真正的数据载体。系统工作时,阅读器发出查询信号,标签在收到查询信号后将其一部分整流为直流电源为标签内部的电路供电,一部分能量信号被电子标签内保存的数据信息调制后反射回阅读器,如图 2-13 所示。

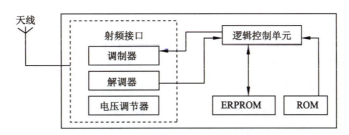

图 2-13 电子标签内部结构

电子标签内部各模块的功能如下:

① 天线:用来接收阅读器发送来的信号,并把要求的数据返回给阅读器。
② 电压调节器:把由阅读器送来的射频信号转化为直流电源,并经大电容存储能量,再通过稳压电路提供稳定的电源。
③ 调制器:逻辑控制电路送出的数据经调制电路调制后加载到天线返回给阅读器。
④ 解调器:去除载波,取出调制信号。
⑤ 逻辑控制单元:译码阅读器送来的信号,并依据要求返回给阅读器。
⑥ 储存单元:包括 ERPROM 和 ROM,作为系统运行及存放识别数据。

通过 RFID 系统,人们可以采集到家庭里面主人回家的识别信息,把信息传递给电控锁就可以相应地打开大门,如果卡的信息不正确,门禁就不会开启,并会触发相应的报警系统。

> **说一说:**
>
> 简述校内门禁卡系统。

（四）RFID 标签的分类

1. 按有无电池电源分类

（1）有源 RFID 标签

有源 RFID 标签（见图 2-14）由内置的电池提供能量，不同的标签使用不同数量和形状的电池。

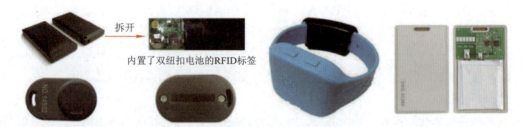

图2-14　有源RFID标签

优点：作用距离远，有源 RFID 标签与 RFID 读写器之间的距离可以达到几十米，甚至可以达到上百米。

缺点：体积大、成本高，使用时间受到电池寿命的限制，厂商理想指标为 7 到 10 年，但因每卡每天使用的次数及环境不同，实际工程中，有些卡只能用几个月，有些卡可以使用 5 年以上。

（2）无源 RFID 标签

无源 RFID 标签（见图 2-15）内不含电池，它的电能从 RFID 读写器获取。当无源 RFID 标签靠近 RFID 读写器时，无源 RFID 标签的天线将接收到的电磁波能量转化成电能，激活 RFID 标签中的芯片，并将 RFID 芯片中的数据发送出来。

图2-15　无源RFID标签

优点：体积小、重量轻、成本低、寿命长，寿命保证 10 年以上，免维护，可以制作成薄片或挂扣等不同形状，应用于不同的环境。

缺点：由于没有内部电源，因此无源 RFID 标签与 RFID 读写器之间的距离受到限制，通常在几十厘米以内，一般要求功率较大的 RFID 读写器。

2. 按发送信号时机分类

按照发送信号时机可分为主动式 RFID 标签、被动式 RFID 标签和半主动式 RFID 标签。

① 主动式 RFID 标签：依靠自身安置的电池等能量源主动向外发送数据。

② 被动式 RFID 标签：从接收到的 RFID 读写器发送的电磁波中获取能量，激活后才能向外发送数据，从而 RFID 能够读取到数据信号。

③ 半主动式 RFID 标签：半主动式 RFID 标签自身的电池等能量源只提供给 RFID 标签中的电路使用，并不主动向外发送数据信号，当它接收到 RFID 读写器发送的电磁波激活之后，才会向外发送数据信号。

3. 按数据读写类型分类

按照读写数据可分为只读式 RFID 标签、读写式 RFID 标签。

（1）只读式 RFID 标签

只读式 RFID 标签又可以进一步分为只读标签、一次性编程只读标签与可重复编程只读标签。

只读标签的内容在标签出厂时已经被写入，在读写器识别过程中只能读出不能写入，只读标签内部使用的是只读存储器（ROM），只读标签属于标签生产厂商受客户委托定制的一类标签。

一次性编程只读标签的内容不是在出厂之前写入，而是在使用前通过编程写入，在读写器识别过程中只能读出不能写入；一次性编程只读标签内部使用的是可编程序只读存储器（PROM）、可编程阵列逻辑（PAL）；一次性编程只读标签可以通过标签编码/打印机写入商品信息。

可重复编程只读标签的内容经过擦除后，可以重新编程写入，但是在读写器识别过程中只能读出不能写入；一次性编程只读标签内部使用的是可擦除可编程只读存储器（EPROM）或通用阵列逻辑（GAL）。

（2）读写式 RFID 标签

读写式 RFID 标签的内容在识别过程中可以被读写器读出，也可以被读写器写入；读写式 RFID 标签内部使用的是随机存取存储器（RAM）或电可擦可编程只读存储器（EEROM）。有些标签有 2 个或 2 个以上的内存块，读写器可以分别对不同的内存块编程写入内容。

4. 按信号频率波段分类

按照 RFID 标签的工作频率进行分类，可分为低频、中高频、超高频与微波四类。由于 RFID 工作频率的选取会直接影响芯片设计、天线设计、工作模式、作用距离、读写器安装要求，因此，了解不同工作频率下 RFID 标签的特点，对于设计 RFID 应用系统是十分重要的。

（1）低频 RFID 标签

低频标签典型的工作频率为 125～134.2 kHz。低频标签一般为上述的无源标签，通过电感耦合方式，从读写器耦合线圈的辐射近场中获得标签的工作能量，读写距离一般小于 1 m。

低频标签芯片造价低，适合近距离、低传输速率、数据量较小的应用，如门禁（见图 2-16）、考勤、电子计费、电子钱包、停车场收费管理等。

低频标签的工作频率较低，可以穿透水、有机组织和木材，其外观可以做成耳钉式、项圈式、药丸式或注射式，适用于牛、猪、信鸽等动物的标识。

（2）中高频 RFID 标签

中高频标签的常见的工作频率为 13.56 MHz，其工作原理与低频标签基本相同，为无源标签。标签的工作能量通过电感

图 2-16 门禁系统

耦合方式，从读写器耦合线圈的辐射近场中获得，读写距离一般小于1 m。

中高频标签可方便做成卡式结构，典型的应用有电子身份识别、电子车票，以及校园卡和门禁系统的身份识别卡。我国第二代身份证内就嵌有符合ISO/IEC14443B标准的13.56 MHz的RFID芯片，如图2-17所示。

（3）超高频RFID标签

超高频与微波段RFID标签通常简称"微波标签"，典型的超高频工作频率为860～928 MHz，

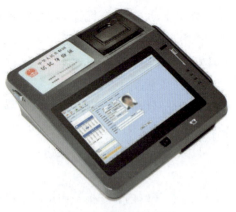

图2-17　电子身份识别

微波段工作频率为2.45～5.8 GHz。微波标签主要有无源标签与有源标签两类。微波无源标签的工作频率主要是在902～928 MHz；微波有源标签工作频率主要在2.45～5.8 GHz。微波标签工作在读写器天线辐射的远场区域。

由于超高频与微波段电磁波的一个重要特点是：视距传输，超高频与微波段无线电波绕射能力较弱，发送天线与接收天线之间不能有物体阻挡。因此，用于超高频与微波段RFID标签的读写器天线被设计为定向天线，只有在天线定向波束范围内的电子标签可以被读写。读写器天线辐射场为无源标签提供能量，无源标签的工作距离大于1 m，典型值为4～7 m。读写器天线向有源标签发送读写指令，有源标签向读写器发送标签存储的标识信息。有源标签的最大工作距离可以超过百米，超高频标签主要用于远距离识别与对快速移动物体的识别。例如，近距离通信与工业控制领域、物流领域、铁路运输识别与管理，以及高速公路的不停车电子收费（ETC）系统，如图2-18所示。

图2-18　ETC高速不停车收费系统

5. 按封装类型样式分类

按照封装类型样式RFID可分为贴纸式RFID标签、塑料RFID标签、玻璃RFID标签、抗金属RFID标签。

(1) 贴纸式 RFID 标签

贴纸式 RFID 标签一般由面层、芯片与天线电路层、胶层与底层组成。贴纸式 RFID 标签价格便宜，具有可粘贴功能，能够直接粘贴在被标识的物体上，面层往往可以打印文字，通常被应用于工厂包装箱标签、资产标签、服装和物品的吊牌等，如图 2-19 所示。

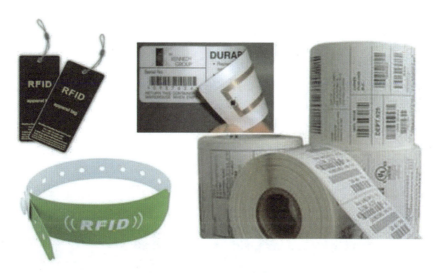

图2-19　贴纸式RFID标签

(2) 塑料 RFID 标签

塑料封装 RFID 标签采用特定的工艺与塑料基材（ABS、PVC 等），将芯片与天线封装成不同外形的标签。封装 RFID 标签的塑料可以采用不同的颜色，封装材料一般都能够耐高温，如图 2-20 所示。

图2-20　塑料RFID标签

(3) 玻璃 RFID 标签

玻璃封装 RFID 标签将芯片与天线封装在不同形状的玻璃容器内，形成玻璃封装的 RFID 标签。玻璃封装 RFID 标签可以植入动物体内，用于动物的识别与跟踪，以及珍贵鱼类、狗、猫等宠物的管理，也可用于枪械、头盔、酒瓶、模具、珠宝或钥匙链的标识，如图 2-21 所示。

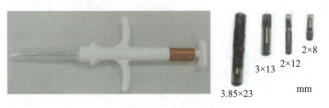

图2-21　玻璃RFID标签

（4）抗金属RFID标签

抗金属RFID标签就是在RFID电子标签的基础上加了一层抗金属材料（见图2-22），这层材料可以避免标签贴在金属物体上面之后失效的情况发生，抗金属材料是一种特殊的防磁性吸波材料封装成的电子标签，从技术上解决了电子标签不能附着于金属表面使用的难题，产品可防水、防酸、防碱、防碰撞，可在户外使用。

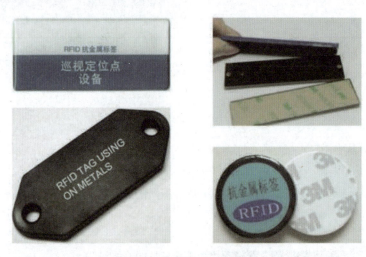

图2-22　抗金属RFID标签

（五）RFID选型

RFID的类型繁多，就像上面我们举到的例子，按照不同的方式会有不同的种类，那我们的RFID门禁系统对RFID有哪些要求呢？可以从分类中一一对比，找到最适合RFID卡的类型。

本系统是为了解决门禁身份识别、用户管理等系统在使用RFID过程中的硬件设备选型，做门禁系统要考虑到用户的造价，设备的功耗，使用是否方便，数据传输和存储容量是否满足需求。由于低频标签数据传输速率低，存储数据量小，本次选型我们以高频与超高频标签进行比较。

1. 超高频标签

优点：读写距离较远，可以发射至2～3 m（与标签的天线有关，纽扣式的标签，发射距离不超过0.5 m）。

缺点：内存容量小，很难存储太多数据。

普通的超高频标签的工作频率：920～925 MHz；使用协议：18000-6C；存储容量为512 bit，仅能存储ID、使用频率、发射功率等简单的数据。

主要有以下几个种类的电子标签可供选择：

(1)纸质标签（见图2-23）

封装材料通常为不干胶纸或不干胶PVC；天线材料为PET基材+铝箔天线或印刷银浆天线或铜箔天线；读写距离为0.2～30 m；有多种尺寸可选择。

图2-23　纸质标签

(2)抗金属标签（见图2-24）

封装材料有PET、PVC、进口滴胶（硬胶/软胶）等多种形式；读写距离在1～3 m；有多种尺寸可选择，且可定制印刷图案；安装方式除可粘贴外，还可以通过螺丝固定或悬挂等方式。

图2-24　抗金属标签

(3)普通挂式标签（见图2-25）

封装材料多为PVC形式的；读写距离在1～3 m；也可印刷图案。

图2-25　普通挂式标签

如果使用国产芯片，可增至2 048 bit，通过压缩算法，可以把资料表数据存储到芯片中。但需要定制，且样式比较单一，通常为长方形或正方形，需要后续包装；且因定制，价格会较高。

2. 高频标签

优点：内存容量大，可以达到8 kbit，几乎可以将台站资料全部存储到标签中。

缺点：读写距离较很近，仅能发射0.1～0.3 m的距离。

高频标签的工作频率：13.56 MHz；使用协议：ISO14443A、ISO15693；存储容量可达到8 KB，可以存储申请表、资料表的数据，并且样式较多，可以封装成多种形状。

高频标签可分为以下几类：

(1)纸质标签（见图2-26）

封装材料：纸质不干胶；可粘贴于书本背面，可以用于图书查询及防盗。

(2)抗金属标签（见图2-27）

封装材料：水晶滴胶；识别距离：大约2～5 cm（取决于工作环境和读写器）；该标签采用

滴塑封装，可安装于金属物质表面，防水防揭起防油垢，主要应用于固定资产管理。

图2-26　纸质标签

图2-27　抗金属标签

通过以上超高频和高频标签的参数对比，可以得出结论，针对人们的门禁系统选用高频RFID卡更为合适，高频卡造价低廉、功耗低、传送速率高、数据存储大是获得本次选型的重要优点。

做一做：

做一个表格，总结 RFID 标签的分类。

（六）RFID 门禁安装

RFID 门禁系统安装要用到的设备如图 2-28 所示。

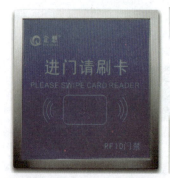

（a）RFID读卡器

（b）电插锁

（c）门禁电源

（d）门铃

（e）门铃开关和手动开门开关

图2-28　门禁设备

门禁电源输出 12 V，供给电插锁、RFID 门禁和门铃。内外部信号有监测输出端发送到门禁电源 PUSH 端，再由门禁电源的 NO、COM 端发送给电插锁的 L+、L-，以实现门禁的开关。门禁系统硬件接线图如图 2-29 所示。

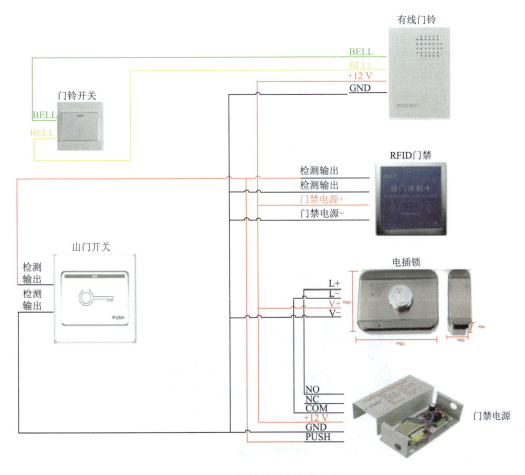

图2-29　门禁系统硬件接线图

下面按照接线图开始安装设备。

步骤 1　把门禁电源、电插锁、86 底盒安装到墙上，如图 2-30 所示。

 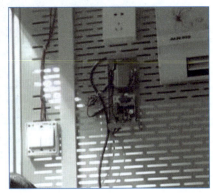

图2-30　安装电插锁、门禁电源和86底盒

步骤2　用螺丝刀撬开RFID读卡器的底座，安装到墙上，按照接线图连接好门禁电源的连线，如图2-31所示。

（a）安装底座　　　　　　　　　　　　　（b）连接门禁电源线路

图2-31　门禁安装

步骤3　按照接线图连接电插锁的线路，如图2-32所示。

图2-32　连接电插锁的线路

步骤4　安装门铃并接线，如图2-33所示。

（a）接电源线　　　　　　　　　　　　　（b）安装门铃

图2-33　门铃安装

步骤 5　安装手动开关并接线，如图 2-34 所示。

（a）安装手动开关控制线　　　　　　　　（b）安装手动开关

图2-34　手动开关安装

步骤 6　安装门铃开关，如图 2-35 所示。

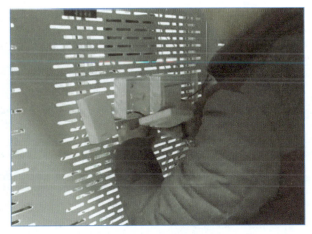

图2-35　安装门铃开关

步骤 7　安装刷卡一体机并接线，如图 2-36 所示。

（a）连接刷卡一体机线路　　　　　　　　（b）安装刷卡一体机

图2-36　刷卡一体机安装

步骤 8　安装完成后进行测试，如图 2-37 所示。

图2-37　安装完成测试

（七）RFID门禁配置与维护

打开智能家居应用配置软件，用串口线连接好设备，按照如图2-38所示配置刷卡一体机。然后重启即可完成配置。

图2-38　刷卡一体机配置

用配置软件对RFID卡进行配置，如图2-39所示。

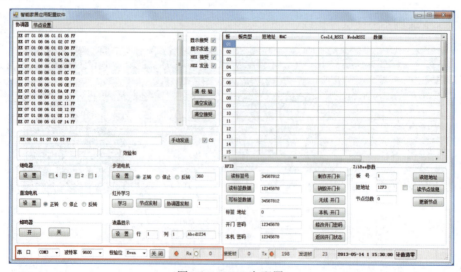

图2-39　RFID卡配置

在以后的使用过程当中软件出现问题重新配置即可。

> **练一练：**
> 动手安装 RFID 门禁一体机，完成配置和接线部分的操作。

任务三　掌握人体红外传感器的相关原理及安装过程

（一）人体红外传感器介绍

人体红外传感器是智能家居系统中常见的一种传感器，它是基于传统红外传感器发展起来的。红外感应器已经在现代化的生产实践中发挥着巨大作用，随着探测设备和其他部分技术的提高，红外感应器能拥有更多的性能和更好的灵敏度。

（二）人体红外传感器原理

红外传感器是用红外线为介质的测量设备，它的基本原理利用红外辐射与物质相互作用所呈现出来的物理效应探测红外辐射的传感器，多数情况下是利用这种相互作用所呈现出的电学效应。此类传感器可分为光子传感器和热敏感传感器两大类型。

我们所使用的红外传感器就属于热敏感传感器这一种类，我们把它称为热释电红外人体感应器，它是一种可探测静止人体的感应器，由透镜、感光元件、感光电路、机械部分和机械控制部分组成。通过机械控制部分（一般都是一块小型的单片机）和机械部分带动红外感应部分做微小的左右或圆周运动，移动位置，使感应器和人体之间能形成相对的移动。所以无论人体是移动还是静止，感光元件都可产生极化压差，感光电路发出有人的识别信号，达到探测静止人体的目的。此红外热释感应器可应用于人体感应控制方面，并实现红外防盗和红外控制一体化，扩大了人体红外热释感应器的应用范围。其特征在于：所述透镜和感光元件安置在机械部分上。

细心的同学可能会发现，常见的人体红外传感器上，都有一顶白色的"小帽子"。这顶小帽子是什么呢？其实就是最外层的一种透镜，我们称它为菲涅尔透镜。它是由聚烯烃材料注压而成的薄片，镜片表面一面为光面，另一面刻录了由小到大的同心圆。

它常见的作用有：

① 比传感器面积大得多的透镜可以收集尽可能多的红外线，以提高灵敏度。

② 菲涅耳透镜被加工成许多狭长的单元，每个单元覆盖一定的视角并交替聚焦到双传感器窗口上。当人体穿过视野时，发出的红外线能使双传感器产生交替的脉冲信号，从而扩大传感器视野和对目标的探测能力。

③ 透镜材料具有滤波功能，可以阻挡人体红外辐射以外的可见光和红外光，增加抗干扰能力。

（三）人体红外传感器分类

按照探测原理分类可分为两大类，一种使用的是非线性滤光技术，另一种使用的是线性滤光技术；其实质上，一种是对红外波的滤光，另一种是对可见光的滤波。

第一种传感器其实就是人们常说的人体红外传感器。人体都有恒定的体温，一般在37℃左右，所以会发出10 μm的特定波长红外线。非线性滤光技术就是利用了这一特点，靠探测人体发射的10 μm左右的红外线而进行工作。传感器收集人体发射的10 μm左右的红外线，通过菲涅尔透镜聚集到红外感应源上。红外传感器通常采用热释电元件在接收了红外辐射温度发出变化时就会向外释放电荷，监测处理后产生报警。这种传感器是以探测人体辐射为目标的。所以辐射敏感元件对波长为10 μm左右的红外辐射必须非常敏感。为了对人体的红外辐射敏感，在它的辐射照面通常覆盖有特殊的滤光片，即菲涅尔透镜，使环境的干扰受到明显的控制作用。

另一种使用线性滤光技术的传感器其实已经不能归于红外传感器的范畴了，一般称为人体传感器。它在感光部分上采用的是可见光波的捕捉与探测。大家都知道，可见光也是一种波，在空气中以大约300 000 km/s的速度传播，如果遇到物体遮挡就会形成影子，并减少遮挡物背面可见光的传播（由于光的衍射特性被遮挡了还是会有一部分光可以传播至遮挡物的背面），由于有这种光暗变化的特性，我们就能将之应用于物体的识别中。方法就是利用菲涅尔透镜的聚焦作用，将可见光汇聚到感光元件上。感光元件一般是由两片电极化方向相反的热释电元件所组成。当有人经过时，光线的明暗变化导致这两片元件受到的可见光强弱不一，它们之间就会产生极化电压，通过电路转化成信号给到报警器。

由于采用可见光变化探测方法的传感器不可用于黑暗中的环境，并且红外辐射探测技术的传感器灵敏度高，成本更低廉、稳定性强，探测速度快，考虑到这些原因，导致市面上大多数的人体传感器都是属于红外探测类型的。

（四）人体红外传感器选型

市面上最常见的人体红外传感器按照装配的方式可以分为两种，一种是直接固定到墙上，并且是固定方向的，这里称它为固定式；另一种则带有一个可以旋转的底座，可以调整其角度，这里称它为旋转式。

固定式人体红外传感器一般外观都为圆形或者椭圆形，最中间可以看到白色半透明的菲涅尔透镜罩。由于其整体是一体化的，一旦将它固定后，不可调整角度，所以在安装之前需要先根据实际需求，调整好它的安装位置。不过虽然这种类型的传感器的安装角度是固定的，但是由于其圆形的设计，它的红外探测范围也是圆形的，即正前方圆周内所有角度都可以探测到。并且由于使用的红外光感器件探测距离较近，成本更加低廉，所以此类传感器一般应用于对探测距离要求不高的场合，如房间自动感应日光灯、厕所自动感应冲洗系统等。

旋转式的人体红外传感器一般外观都是长方体外观，中间是白色半透明的透光罩，背后有个旋转底座，在需要时可按照实际需求调整探测角度，甚至有的旋转式人体红外传感器还会在底座上加装电机用来实时调整角度。由于其可以调整方向，所以在安装时需先将底座安装好，然后再调整传感器的角度。这种类型的传感器其水平探测范围特别广，可覆盖水平方向上的大部分角度，且探测的距离也比较远；在垂直方向上虽然探测的角度有限，但可以通过调整底座的角度来选定垂直方向上探测的范围。有的带电机的底座可以根据探测到的信息，实时地转动角度，或者通过软件预先设定不同的时段来调整不同的角度。因为这类旋转式人体红外传感器探测的距离远，以及可以调整角度等特性，常将其应用于安防系统中，如家门口的人体入侵传感器，如图2-40所示。

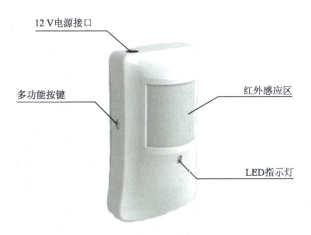
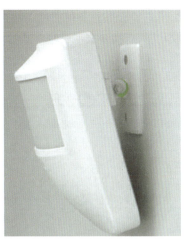

图2-40　旋转式人体红外传感器

实际上在上海企想这套智能家居系统中，我们选择的是固定式的人体红外传感器，如图 2-41。原因有三个：第一是因为在我们的模拟样板间中，考虑到样板间的大小，并不要求传感器在探测距离上有特别大的优势；第二是因为固定式传感器由于透光滤镜的设计上，探测的角度更广；第三是因为圆形的传感器，在设计上更加美观。经过综合考虑所以我们决定选用固定式的人体红外传感器来作为企想智能家居智能安防系统中的一部分。

图2-41　固定式的人体红外传感器

（五）人体红外传感器安装

先看一下人体红外传感器的实物图，介绍下各个接口和指示灯的意义。

① 图 2-42 中有三个指示灯，从左到右依次是组网指示灯（组网成功后长亮）、信号频闪灯和数据指示灯（收到协调器数据时亮起）。

② 图 2-43 中可以看到三个接口，从左到右依次分别是外接电源接口、miniUSB 口（用作结点板配置使用）和复位口。

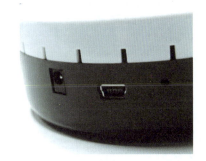

图2-42　指示灯　　　　　　　　　　图2-43　接口

③ 图 2-44 所示是传感器的正面，中间的白色半透明部分是菲涅尔透镜，作为探测装置。透镜上方有个小灯，是感应提示灯，在传感器感应到有人时，它会亮起。

④ 图2-45是传感器的背面，可以看到中间有两个接线柱，是按压式的，按压卡子后将导线塞入洞中，然后松开卡子导线自动就被卡子固定在接线柱中了，非常方便。

图2-44　传感器的正面　　　　　　　图2-45　传感器的背面

⑤ 图2-46是背面右侧部分打开后的隐藏空间，里面内置了JTAG调试口，若需要烧写CC2530单片机程序，可以使用这个口来进行烧写。

安装过程

接下来我们来看看安装过程（可参考视频）。此款人体红外传感器可以使用DV电源线来供电，也可以自己接线缆至接线桩来供电。本书在安装时为了锻炼学生接线、布线的能力，特意使用了双绞线来供电。接线图可以参考图2-47。

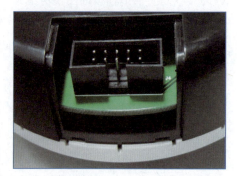

图2-46　烧写口

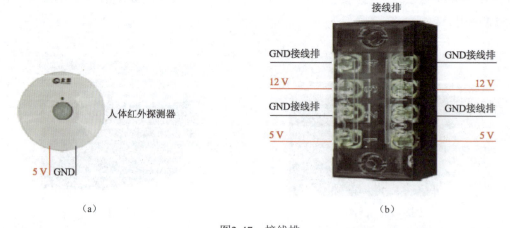

图2-47　接线排

另外，我们选用的安装环境是上海企想样板间中的网孔板，如图2-48所示。

> 项目二　智能家居安防报警系统

图2-48　网孔板

步骤1　打开产品盒，在盒中找到两颗企想订制的四号自攻螺钉和传感器的底座，如图2-49所示。

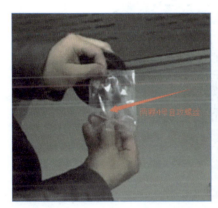

图2-49　自攻螺钉、传感器底座

步骤2　用自攻螺钉和塑料卡扣将底座固定到网孔板上，两个卡座一定要垂直，如图2-50所示。

步骤3　将双绞线两股分别接在传感器背面的两个接线柱中，如图2-51所示。

图2-50　安装图　　　　　　　　　　图2-51　双绞线连接

步骤4　将双绞线穿过底座，将传感器旋上底座，企想LOGO一定要在正上方，如图2-52所示。

67

图2-52　安装图

步骤5　将双绞线分别接到接线桩上供电，之后便可使用了，如图2-53所示。

图2-53　安装完成

（六）配置

在安装和使用人体红外传感器之前，要对它的功能和ZigBee组网参数进行配置（因为本质上它就是ZigBee网络的结点），可参考图2-54。

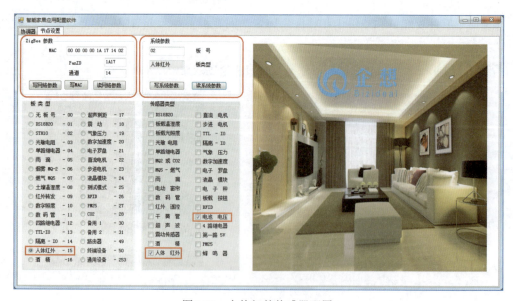

图2-54　人体红外传感器配置

练一练：
动手安装人体红外传感器，完成配置和接线部分的操作。

任务四 掌握报警灯的相关原理及安装过程

（一）报警灯介绍

报警灯是日常生活中常见的一种用作警示标志的设备（见图2-55），常用于小区安防、市政安全、施工作业等方面。常见的有警车顶上的报警灯、施工路口的警示灯等等。这些报警灯能够在紧急时候做出警示，提示人们注意安全，注意防范。

（二）报警灯原理

普通报警灯的原理非常简单，就是在普通的节能灯或者LED灯上加个有颜色的半透明塑料罩子，常见的大多是红色的塑料罩，使用的材料是透光性较强的聚碳酸酯（PC），它是一种综合性能优良的透明工程塑料，PC光学性能非常优秀，并且耐热耐寒，在 –135 ～ 120° 范围内能保持力学性能稳定。

图2-55 报警灯

除了最基本的灯和LED灯外，报警灯还常常会配备旋转电机模块。其原理非常简单，在灯的底座处加装一个电动马达，一般都是低转速型马达，然后靠外部电力或者电池驱动马达旋转。

另外，在底座上再加装一个圆形金属罩，这个金属罩的高度要高过里面的灯泡，呈现一个碗型，碗的内部面对着灯，外部面对着塑料罩。这样的话，就可以将灯光的照明范围限制在180°～120°之间，并且碗形的金属罩其实相当于一个凹透镜，起到了聚光的作用，增加了LED灯的电光转换效率，一方面起到了节能的作用，另一方面抵消了光线经过有色塑料护罩的损耗，使亮度能够达到预期的效果。

旋转电机加上金属护罩的效果就使得报警灯开启后可以产生一明一暗的效果，更能引起人的注意，起到了更好的警示作用。

（三）报警灯分类

报警灯一般分为旋转式、多层式、声光一体式等，如图2-56所示。

（a）旋转式　　　　　（b）多层式　　　　　（c）声光一体式（带蜂鸣器）

图2-56 报警等类型

（四）报警灯选型

市面上的报警灯种类非常多，但其中大部分都是工业和警用的，要在非家庭用报警灯中选出一种适合普通家庭使用的,比较难。家用报警灯不需要选择防爆的,也不需要选择多层式的,造型尽量小巧一些,光色以红色为优,可以不携带蜂鸣器。所以我们最后选用了图2-57这种样式的报警灯。这种报警灯还有另外一个优点,它的底座中安装有强力的磁铁,因为样板间使用的网孔板是金属材质,所以固定起来非常方便,放上去就吸住了,十分牢固。

图2-57　报警灯

(五) 报警灯安装

整套报警灯系统是由报警灯和电压型继电器结点组成的,因为单纯的报警灯无法通过网络去控制它,所以加装了一个电压型继电器结点板。它是由一个用来和协调器进行通信的结点板和一个电压型继电器组成的,结点板负责数据和控制命令的收发,电压型继电器负责负载设备(报警灯)的开关,同时把工作电压传递给负载设备。

先看一下电压型继电器的实物图,介绍下各个接口和指示灯的意义。

① 图 2-58 是电压型继电器的正面,左下角有六个指示灯,1、2、3 依次是数据指示灯(收到协调器数据时亮起)、组网指示灯(组网成功后长亮),电源灯(上电后长亮),4、5、6 三个都是继电器指示灯,如果继电器打开,就会长亮。

② 图 2-59 是电压型继电器的侧面,可以看到 3 个接口,依次分别是复位口、miniUSB 口(用作结点板配置使用)和外接电源接口。

图2-58　电压型继电器的正面

图2-59　侧面接口

③ 图 2-60 是电压型继电器的另一个侧面,中间的插口是 JTAG 调试口,若需要烧写 CC2530 单片机程序,可以使用这个口来进行烧写。

④ 图 2-61 是传感器的背面,我们可以看到一共有四组接线柱,都是按压式的,按压卡子后将导线塞入洞中,然后松开卡子导线自动就被卡子固定在接线柱中,非常方便。其中左下角那一组接线柱需要撬开外壳来接线,它是集成在电路板上的,用途是给结点板和继电器本身供电,工作电压 5 V;上方这排接线柱中,标有"输入"的这组是外接电压输入,相当于是驱动负载的电压输入,举个例子,若灯的工作电压是 24 V,但继电器的电压只有 5 V,驱动不了负载,这时就得靠这组接线柱,外接 24 V 的电压,就可以使继电器输出 24 V;剩下来的两组接线柱都是用来接负载的,分为常开和常闭,根据实际需求去接线。

图2-60　侧面烧写口

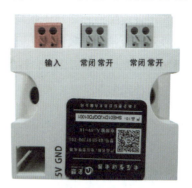
图2-61　背面接线柱

安装过程

接下来看看安装过程（可参考视频）。此款电压型传感器可以使用 DV 电源线来供电，也可以自己接线缆至接线桩来供电，此处在安装时为了锻炼学生接线、布线的能力，特意使用了双绞线来供电。接线图可以参考图 2-62。

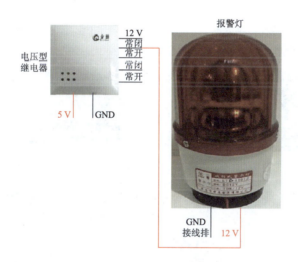
图2-62　接线图

步骤1　打开产品盒，在盒中找到两颗企想订制的四号自攻螺钉，另外在耗材中拿一个86明盒作为继电器的底座，如图2-63所示。

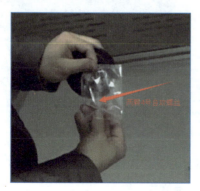

图2-63　自攻螺钉、底座

步骤2 用自攻螺钉和塑料卡扣将86明盒固定到网孔板上，方向一定要正确。报警灯背后自带强力吸铁石，直接可以吸到网孔板上，如图2-64所示。

步骤3 将报警灯的负极延长，接到接线排的负极上去。

步骤4 撬开继电器外壳，先把继电器的5 V供电和接地线接好，如图2-65所示。

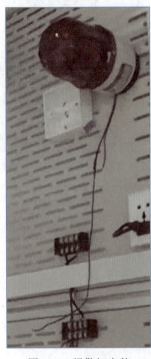

图2-64 报警灯安装　　　　　　　　　图2-65 接电线

步骤5 拉出一股单根的导线，接到两组常开和常闭中的任意一个常闭接线桩上去，如图2-66所示。

步骤6 从双绞线中拉出一根单股的线接到"输入"接线桩处，如图2-67所示。

图2-66 导线连接　　　　　　　　　图2-67 导线连接

步骤7 将所有火线接到接线柱的正极，地线接到接线柱的负极，如图2-68所示。

步骤8 用螺钉将继电器固定到86明盒上，最后合上外壳，如图2-69所示。

项目二 智能家居安防报警系统

图2-68 导线连接

图2-69 安装完成

（六）报警灯系统配置

在安装和使用我们的电压型继电器之前，要对它的功能和ZigBee组网参数进行配置（因为本质上它就是ZigBee网络的结点），可以参考图2-70。

图2-70 报警等系统配置

练一练：

动手安装报警灯模块，完成配置和接线部分的操作。

项目实训

实验开始前先安装手机客户端软件，客户端软件需要和主机配合使用，所有操作都需要登录到服务器才能实现，App 可以在软件资料文件夹中获取。找到安防报警系统软件并安装，安装完成之后连接上智能家居样板间的路由器 Wi-Fi 信号，连接成功即可进行实验。

手机打开安防报警系统 App，如图 2-71 所示。

安防报警系统 App 登录界面如图 2-72 所示，图中方框标记的位置填写的是当前使用的服务器 IP 地址。

输入服务器 IP 地址确认登录，登录成功后出现的软件界面如图 2-73 所示。安防报警系统有入侵模式和防盗模式可以选择，用户选择开启的模式不同，实现的功能也不同。

图2-71　App图标

图2-72　配置服务器IP地址

图2-73　安防报警系统状态

当用户开启入侵模式时，人体红外传感器感应到门外有人，通过服务器进行信息处理，将家里的报警灯打开，并通过手机客户端软件通知主人；当人体红外传感器感应到门外无人时，非法入侵危险解除，报警灯熄灭，如图 2-74 所示。

当用户开启防盗模式时，人体红外传感器感应门外无人，一切正常；当人体红外传感器感应到门外有人时，通过服务器进行信息处理，将门禁关闭，防止盗贼进入，并通过手机客户端软件通知主人，如图 2-75 所示。

安防报警系统的两种模式能够满足用户在不同情况下的需求，当用户在家时可开启入侵模式，以保障自己的人身安全；当用户外出时可开启防盗模式，即使用户不在家也能保障财产安全。

练一练：

练习使用安防报警系统 App。

图2-74 安防报警系统入侵模式

图2-75 安防报警系统防盗模式

练 习

1. RFID 标签按照有无电池电源可分为？
   A. 有源 RFID 标签和无源 RFID 标签
   B. 主动式 RFID 标签和被动式 RFID 标签
   C. 有源 RFID 标签和主动式 RFID 标签
   D. 被动式 RFID 标签和无源 RFID 标签
2. 按信号频率波段 RFID 标签可分为？
   A. 低频标签 B. 中高频标签 C. 超高频标签 D. 以上都是
3. 智能家居报警系统分哪些类？
4. 智能家居安防报警系统的功能有哪些？
5. 智能家居安防报警系统的相关技术有哪些？
6. RFID 标签的分类有哪些？
7. RFID 的超高频和高频的优缺点分别是什么？

项目三
智能家居环境监测系统

视频
环境监测系统

📌 项目描述

本项目将详细介绍智能家居控制系统中的重要子系统——环境监测系统,包括了智能家居环境监测系统的功能、优点、相关技术和应用范围等相关知识。此外还介绍了智能家居环境监测系统所需用到的单品,包括温湿度传感器和气压传感器。在本项目的最后设有项目实训部分,让学生能够通过项目实训进一步巩固相关知识并且检验环境监测系统的安装与配置是否成功。

💡 相关知识

一、智能家居环境监测系统介绍

1. 什么是智能家居环境监测系统

智能家居环境监测是一个综合利用计算机网络技术、数据库技术、通信技术、自动控制技术、新型传感技术等构成的计算机网络,提供的一种以计算机技术为基础,基于集中管理监控模式的自动化、智能化和高效率的技术手段,系统监控对象主要是家居环境中的温湿度、烟雾和气压。

2. 智能家居环境监测系统的背景

随着现代社会的高速发展,对环境参数的测量监控涉及工农业生产、国防建设、科学实验、日常生活等各个方面。所以对标准测量室内环境要求越来越高,尤其在人们的日常家庭生活中,人们会需要一个适宜的温度。同时,人们对室内空气质量的要求更显重要。抽烟会使室内烟雾弥漫,使用液化气也难免会有泄露,这些气体都是对人体有害的。因此,采集室内的温度、湿度、空气质量并进行妥善调节,从而避免由于这些环境因素的超标对人体造成的伤害就显得尤为重要。

为了更好的对这些环境参数进行有效快速的测量,传统的人工控制已经不能满足要求。随着传感器技术的不断发展,物联网技术的应用不断地走向深入,同时带动传统控制监测更新。现代家庭环境监测中，对家庭环境的温湿度和有害气体浓度会有一定的要求，房主要随时能观看到房间里的温湿度。当温湿度超过或者低于一定的范围时，人会感觉到不舒服，有害气体浓度超过一定的值时，会对人们的身体健康造成危害。这就需要对家庭环境进行监测，使家庭环境达到人们要求的范围，从而享受到健康舒适的生活。

> 说一说：
> 说说主要的室内环境指数有哪些？

二、智能家居环境监测系统的功能

1. 手动调节

房屋主人可以手动调节智能家居环境监测系统的温湿度、气压参数，智能家居环境监测系统会再根据所调整的参数调节家居环境的温湿度以及气压值。例如，当房屋主人需要更冷时，可以通过智能家居环境监测系统的 App 或者网关进行修改，智能家居环境监测系统会根据所设置的参数进行反馈，打开空调制冷或者打开风扇进行环境温度的调节，如图 3-1 所示。

2. 自动调节

当房屋主人设置了自动调节后，智能家居环境监测系统会根据人体适宜的环境自动调节家居环境的温度、湿度以及气压值。例如，当温度低于人体适宜的温度时，会自动打开空调调节温度；当湿度低于人体适宜度的湿度时，会自动打开加湿器调节湿度。自动调节按钮启用后，智能家居环境监测系统会通过接收到的参数进行反馈和处理，实现对环境的调节，如图 3-2 所示。

图3-1　手动调节

图3-2　自动调节

> 想一想：
> 如果由你来设计，你会为智能家居环境监测系统设计什么功能？

三、智能家居环境监测系统相关技术

目前，智能家居环境监测系统使用的传感器主要是温度传感器、湿度传感器和气压传感器。

1. 温度传感器

温度传感器（Temperature Transducer）是指能感受温度并转换成可用输出信号的传感器。温

度传感器是温度测量仪表的核心部分，品种繁多。

按测量方式可分为接触式和非接触式两大类。

1）接触式

接触式温度传感器的监测部分与被测对象有良好的接触，又称温度计，如图3-3所示。

图3-3 接触式温度传感器

一般来说，它的测量精度是比较高的。在一定的温度内，它甚至能够测量出物体内部温度的分别情况。但是如果测量的是运动的物体、热容量很小的物体或者是小目标的话，测量结果会有比较大的误差。

2）非接触式

非接触式传感器的敏感元件与被测对象互不接触，又称非接触式测温仪表，如图3-4所示。这种仪表可用来测量运动物体、小目标和热容量小或温度变化迅速（瞬变）对象的表面温度，也可用于测量温度场的温度分布。

图3-4 非接触式温度传感器

非接触测温优点：测量上限不受感温元件耐温程度的限制，因而对最高可测温度原则上没有限制。对于1800℃以上的高温，主要采用非接触测温方法。随着红外技术的发展，辐射测温逐渐由可见光向红外线扩展，700℃以下直至常温都已采用，且分辨率很高。

（1）温度传感器工作原理

① 金属膨胀原理设计的传感器。金属在环境温度变化后会产生一个相应的延伸，因此传感器可以以不同方式对这种反应进行信号转换。

② 双金属片式传感器。双金属片是由两片不同膨胀系数的金属贴在一起而组成，随着温度变化，引起金属片弯曲。弯曲的曲率可以转换成输出信号。

③ 双金属杆和金属管传感器。随着温度升高，金属管（材料A）长度增加，而不膨胀钢杆（金属B）的长度并不增加，这样由于位置的改变，金属管的线性膨胀就可以进行传递。

④ 液体和气体的变形曲线设计的传感器。在温度变化时，液体和气体同样会相应产生体积的变化，这种体积的变化可以转换成输出信号。

（2）按照传感器材料及电子元件特性分为热电阻和热电偶两类。

① 电阻传感。金属随着温度变化，其电阻值也发生变化。对于不同金属来说，温度每变化一度，

其电阻值的变化是不同的,而电阻值又可直接作为输出信号。

电阻共有两种变化类型:

a. 正温度系数:

温度升高＝阻值增加

温度降低＝阻值减少

b. 负温度系数:

温度升高＝阻值减少

温度降低＝阻值增加

② 热电偶传感。热电偶由两个不同材料的金属线组成,在末端焊接在一起。再测出不加热部位的环境温度,就可以准确知道加热点的温度。由于它必须有两种不同材质的导体,所以称之为热电偶。不同材质做出的热电偶使用于不同的温度范围,它们的灵敏度也各不相同。热电偶的灵敏度是指加热点温度变化1℃时,输出电位差的变化量。对于大多数金属材料支撑的热电偶而言,这个数值大约在5～40微伏/℃之间。由于热电偶温度传感器的灵敏度与材料的粗细无关,用非常细的材料也能够做成温度传感器。也由于制作热电偶的金属材料具有很好的延展性,这种细微的测温元件有极高的响应速度,可以测量快速变化的过程。

2 湿度传感器

湿度传感器是指能感受湿度并转换成可用输出信号的传感器,如图3-5所示。不少材料、元件的特性都随湿度的变化而变化,所以能作湿度传感器的材料相当多。湿度传感器随湿度而引起物理参数变化的有膨胀、电阻、电容、电动势、磁性能、频率、光学特性及热噪声等。

 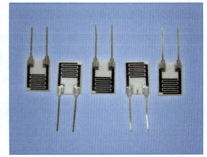

图3-5 湿度传感器

湿敏元件是最简单的湿度传感器。湿敏元件主要有湿敏电阻和湿敏电容两大类。

① 湿敏电阻的特点是在基片上覆盖一层用感湿材料制成的膜,当空气中的水蒸气吸附在感湿膜上时,元件的电阻率和电阻值都发生变化,利用这一特性即可测量湿度。

② 湿敏电容一般是用高分子薄膜电容制成的,常用的高分子材料有聚苯乙烯、聚酰亚胺、酪酸醋酸纤维等。当环境湿度发生改变时,湿敏电容的介电常数发生变化,使其电容量也发生变化,其电容变化量与相对湿度成正比。

电子式湿敏元件的准确度可达2%～3%RH,这比干湿球测湿精度高。但湿敏元件的线性度及抗污染性差,在检测环境湿度时,湿敏元件要长期暴露在待测环境中,很容易被污染而影响其测量精度及长期稳定性。这方面却没有干湿球测湿度的方法好。

3. 气压传感器

气压传感器用于测量气体的绝对压强。主要适用于与气体压强相关的物理实验，如气体定律等，也可以在生物和化学实验中测量干燥、无腐蚀性的气体压强，如图3-6所示。

气压传感器的工作原理如下：

空气压缩机的气压传感器主要的传感元件是一个对气压强弱敏感的薄膜和一个顶针控制，电路方面它连接了一个柔性电阻器。当被测气体的压力降低或升高时，这个薄膜变形带动顶针，同时该电阻器的阻值将会改变。电阻器的阻值发生变化。从传感元件取得 0 ~ 5 V 的信号电压，经过 A/D 转换由数据采集器接收，然后数据采集器以适当的形式把结果传送给计算机。

图3-6　气压传感器

其他的很多气压传感器的主要部件为变容式硅膜盒。当该变容硅膜盒外界大气压力发生变化时顶针动作，单晶硅膜盒随着发生弹性变形，从而引起硅膜盒平行板电容器电容量的变化来控制气压传感器。

> **做一做：**
> 查阅相关资料，进一步了解温度、湿度和气压三种传感器。

四、智能家居环境监测系统的应用范围

智能家居环境监测系统通过物联网，收集散布在家居环境中的传感器接收到的参数传送至智能家居终端上。在终端上可以看到传感器接收到的具体参数，并且可以根据参数进行调整后，将参数发还给智能家居的其他成员，如空调，空调会根据收到的参数调节室内的温度。

随着传感器技术的提升以及物联网技术的发展，智能家居环境监测系统不止是用在家居环境中，也可以应用在温室大棚、计算机机房等环境。

1. 温室大棚

在温室准备投入生产阶段时，通过在温室里布置各类传感器，可以实时分析温室内部环境信息，从而更好地选择适宜种植的品种（见图3-7）；在生产阶段，从业人员使用物联网技术手段的智能环境监测系统可以采集温室内温度、湿度等多类信息，来实现精细管理，如遮阳网开闭的时间，可以根据温室内温度、光照等信息来传感控制，加温系统启动时间，可根据采集的温度信息来调控等；在产品收获后，还可以利用智能环境监测系统采集的信息，把不同阶段植物的表现和环境因子进行分析，反馈到下一轮的生产中，从而实现更精准的管理，获得更优质的产品。

2. 计算机机房等环境

机房环境监控系统是一个综合利用计算机网络技术、数据库技术、通信技术、自动控制技术、新型传感技术等构成的计算机网络，提供的一种以计算机技术为基础、基于集中管理监控模式的自动化、智能化和高效率的技术手段，系统监控对象主要是机房动力和环境设备等（如配电、UPS、空调、温湿度、漏水、烟雾、视频、门禁、防雷、消防系统等），如图 3-8 所示。

图3-7 温室大棚

图3-8 计算机机房

系统可实时收集各设备的运行参数、工作状态及警告信息。本系统能对智能型和非智能型的设备进行监控,准确地实现遥信、遥测、遥控及遥调四样功能。既能真实的监测被监控现场对象设备的各种工作状态、运行参数,又能根据需要远程地对监控现场对象进行方便的控制操作,还能远程地对具有可配置运行参数的现场对象参数进行修改。

想一想:
智能家居环境监测系统还有其他应用的案例吗?

五、智能家居环境监测系统的优点

随着生活节奏不断加快,智能化家居越来越吸引群众的眼球。智能家居环境监测系统可以很好地解决家居环境问题。智能家居环境监测系统具有以下特点:

（1）系统构成灵活

从总体上看，智能家居控制系统是由各个子系统通过网络通信系统组合而成的。用户可以根据需要，减少或者增加子系统，以满足需求。

（2）操作管理便捷

智能家居控制的所有设备可以通过手机、平板电脑、触摸屏等人机接口进行操作，非常方便。

（3）场景控制功能丰富

可以设置各种控制模式，如离家模式、回家模式、下雨模式、生日模式、宴会模式、节能模式等，极大地满足生活品质需求。

（4）信息资源共享

可以将家里的温度、湿度、干燥度发布到网上，形成整个区域性的环境监测点，为环境的监测提供有效有价值的信息。

（5）安装、调试方便

即插即用，特别是无线的方式，可以快速部署系统。智能家居环境监测系统可以根据房屋主人的需求，自由更改家居环境的温度、湿度和气压度。也可根据系统自动设置参数，达到满足人体适宜度的参数值。

> **想一想：**
>
> 想象一下未来的智能家居环境监测系统。

项目实施

任务一　学习"上海企想"智能家居体验间环境监测系统结构

随着生活水平的提高，人们越来越注重生活质量，生活环境是否舒适是人们最注重的事情。选择智能家居的环境监测系统就能带来生活的舒适环境。

智能环境监测系统是通过各种传感器搜集居住环境的信息，给出人们最合适的生活建议。环境监测系统主要包括温湿度和大气压强的实时收集，经过程序的判断给出人们最好的穿衣和出行建议。环境监测系统采用智能型网络、云服务器，实时采集并处理数据，如图3-9所示。

图3-9　智能环境监测系统

下面以上海企想智能家居体验中的环境监测系统为例，描述一下常见的环境监测系统的结构，如图 3-10 所示。

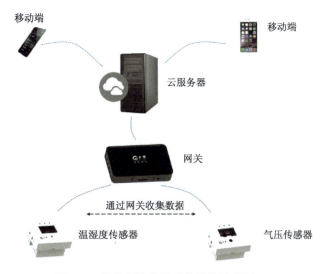

图3-10　智能环境监测系统结构示意图

这套智能环境监测系统采用智能网络专用协议传输，总线式通信，以最简洁的系统架构，便于设计、施工、使用和管理维护。其系统是由四大部分组成的，分别是传感器、智能网关、云服务器和手机客户端。

① 传感器负责数据的收集工作，将环境的数据采集到转换成电信号，然后通过 ZigBee 网络传输给网关。

② 智能网关起到了承上启下的作用。一方面作为执行器结点和传感器结点的协调器，负责发送控制命令去操控器件和接收传感器上报的数据；另一方面，通过数据的打包和解析，进行与服务器的交互工作。

③ 云服务器则是作为数据存储与数据处理的中心，对不同类型的上行下行数据，做相应的存储、计算和转发工作。

④ 手机客户端直接与人交互，它会直接将安防的状态呈现在人们面前，并且人们能够直接操控手机客户端来查看环境监测系统。

接下来介绍通信过程，和项目二的安防系统不同的是环境监测系统不需要操作执行器器件，直接拿到数据后进行数据分析。当传感器收到监测数据后，传感器会将数据通过 ZigBee 的传输方式传输到智能网关中的协调器，然后再由智能网关打包数据，转发给服务器。服务器接收数据后进行解析与计算，将最终的数据传送到手机客户端，呈现在客户面前，如图 3-11 所示。

图3-11　监测通信过程，从左至右

在现实的使用过程中人们通过手机终端可以实时查看的家庭环境的信息，提醒家人出行时穿衣和衣服晾晒，也可以与其他系统进行联动或者情景模式。

智能环境监测系统是以系统的稳定性作为依托，结合家中的传感器将它们连入网关并联网到服务器。清早起床，系统通过手机就会提醒主人环境信息，给出合理的穿衣晾晒建议，让客户感受到人性化的服务。

任务二　掌握温湿度传感器的相关原理及安装过程

（一）温湿度传感器背景介绍

温湿度是反映物体冷热状态的物理参数，它与人类生活环境有着密切关系。人类很早就开始为监测温湿度进行各种努力，在1603年伽利略发明出第一个温度计，人类在社会发展的过程中越来越多的应用都离不开温湿度。

在人类社会中，无论工业、农业、商业、科研、国防、医学及环保等部门都与温度有着密切的关系。在工业生产自动化流程中，温湿度测量点一般要占全部测量点的一半左右。因此，人类离不开温湿度传感器（见图3-12）。传感器技术因而成为许多应用技术的基础环节，成为当今世界发达国家普遍重视并大力发展的高新技术之一，它与通信技术、计算机技术共同构成了现代信息产业的三大支柱。

人们的生活处处都离不开温湿度，通过温湿度的控制人们能生产出高质量的钢材、提炼出石油的衍生产品，通过温湿度的预测人们能提前准备好第二天要穿的衣服，通过温湿度的调节人们能生活在舒适的环境中。

图3-12　温湿度传感器

由于温度和湿度在人们的实际生活中都有密切的关系，所以温湿度一体的传感器相应产生。温湿度传感器在人们的生活中发挥着巨大的作用，随着科技的发展，温湿度传感器将会给人们的生活带来更多的便利。

（二）温湿度传感器原理

温湿度传感器利用物质各种物理性质随温度变化的规律把温度转换为可用输出信号。温度传感器是温度测量仪表的核心部分，种类繁多。按测量方式可分为接触式和非接触式两大类。现代的温度传感器外形非常小，这更加让它广泛应用在生产实践的各个领域中，也为人们的生活提供了更多的便利和功能，如图3-13所示。

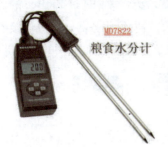

粮食水分温湿度测试计

土壤温湿度传感器

室内温湿度测试仪

图3-13　温湿度传感器应用

我们所使用的温湿度传感器是SHT10温湿度传感器(非接触式),SHT10是SHT1x中的一种,SHT1x(包括SHT10、SHT11和SHT15)属于Sensirion温湿度传感器家族中的贴片封装系列。

温湿度传感器将传感器元件和信号处理电路集中在一块微型电路板上,输出完全标定的数字信号。传感器采用专利的CMOSens技术,确保产品具有极高的可靠性与卓越的长期稳定性。传感器包括一个电容性聚合体测湿敏感元件、一个用能隙材料制成的测温元件,并在同一芯片上,与14位的A/D转换器以及串行接口电路实现无缝连接。因此,该产品具有品质卓越、响应迅速、抗干扰能力强、性价比高等优点。

(三)温湿度传感器分类

温度传感器有四种主要类型:热电偶、热敏电阻、电阻温度监测器(RTD)和IC温度传感器。IC温度传感器又包括模拟输出和数字输出两种类型。

热电偶应用很广泛,因为它们非常坚固而且不太贵。热电偶有多种类型,它们覆盖非常宽的温度范围,从200℃到2000℃。它们的特点是:低灵敏度、低稳定性、中等精度、响应速度慢、高温下容易老化和有漂移以及非线性。另外,热电偶需要外部参考源。

热敏电阻对温度敏感,不同的温度下表现出不同的电阻值。热敏电阻体积非常小,对温度变化的响应也快。它易于连接,可以进行互换,中等稳定性。

电阻温度监测器(RTD)精度极高且具有中等线性度。它们特别稳定,并有许多种配置。但它们的最高工作温度只能达到400℃左右。它们也有很大的TC,且价格昂贵(是热电偶的4～10倍),并且需要一个外部参考源。

模拟输出IC温度传感器具有很高的线性度(如果配合一个模数转换器或ADC可产生数字输出)、低成本、高精度(大约1%)、小尺寸和高分辨率。它们的不足之处在于温度范围有限(55℃～+150℃),并且需要一个外部参考源。

数字输出IC温度传感器带有一个内置参考源,它们的响应速度也相当慢(100 ms数量级)。虽然它们固有地会自身发热,但可以采用自动关闭和单次转换模式使其在需要测量之前将IC设置为低功耗状态,从而将自身发热降到最低。与热敏电阻、RTD和热电偶传感器相比,IC温度传感器具有很高的线性、低系统成本、集成复杂的功能,能提供一个数字输出,并能在一个相当有用的范围内进行温度测量。

(四)温湿度传感器安装

下面我们开始温湿度传感器的安装。温湿度传感器采用锂电池供电,也可以采用直流电源供电,用到的设备如图3-14所示。

视频

温湿度监测器

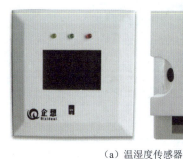
(a)温湿度传感器

(b)5 V和12 V接线柱

图3-14 温湿度传感器

温湿度传感器安装的接线图如图 3-15 所示。

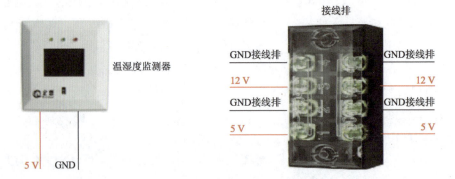

图3-15　接线图

按照接线图就可以开始安装设备。

步骤 1　把 86 底盒安装到墙上合适的位置，如图 3-16 所示。

步骤 2　打开温度传感器的底盖，按照线路图连接好电源线，如图 3-17 所示。

图3-16　底盒安装　　　　　　　　　　图3-17　电源线安装

步骤 3　按照接线图连接电源线，接到接线柱 5 V 电源上，如图 3-18 所示。

图3-18　电源线连接

（五）温湿度传感器配置与维护

打开智能家居应用配置软件，用串口线连接好设备，按照图 3-19 所示配置温湿度传感器。然后重启即可完成配置。

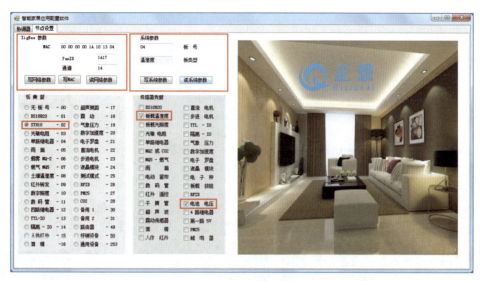

图3-19 温湿度传感器配置

在以后的使用过程中软件出现问题时，重新配置即可。

> **练一练：**
> 动手安装温湿度传感器，完成配置和接线部分的操作。

任务三　掌握气压传感器的相关原理及安装过程

（一）气压传感器背景介绍

气压传感器测量气体压强，表面上看来人们并不关心压强到底是多少，貌似毫无用处，但事实却不是这样的。对于登山者而言，可以根据手机中压力传感器测量气压进而计算出目前所处的海拔高度；气压传感器还可用于辅助导航，减少在高架桥上进行导航时的失误；在无信号地带时，也可根据气压传感器，同时配合加速计、陀螺仪等设备实现精确定位。

视频
气压监测器

（二）气压传感器的工作原理

气压传感器是由敏感元件和转换元件构成的能感受规定的被测量并按照一定的规律转换成可用信号的器件或装置。气压传感器用于感受气体压强并将其以其他形式进行输出，主要用于完成对气体绝对压强的监测，一般用于气体压强相关的各类实例中。

空气压缩机的气压传感器主要由薄膜、顶针和一个柔性电阻器来完成对气压的监测与转换功能。薄膜对气压强弱的变化异常敏感，一旦感应到气压的变化就会发生变形并带动顶针动作，这一系列动作将改变柔性电阻的电阻值，将气压的变化转换为电阻阻值的变化以电信号的形式呈现出来，之后对该电信号进行相应处理并输出给计算机呈现出来。

还有的气压传感器利用变容式硅膜盒来完成对气压的监测。当气压发生变化时引发变容式硅膜盒发生形变并带动硅膜盒内平行板电容器电容量的变化，从而将气压变化以电信号形式输出，经相应处理后传送至计算机得以展现。

（三）气压传感器分类

目前所使用的气压传感器属于压阻式传感器，压阻式传感器广泛应用于航空、航天、航海、动力机械、生物医学工程、气象、地质等各个领域，如图3-20所示。

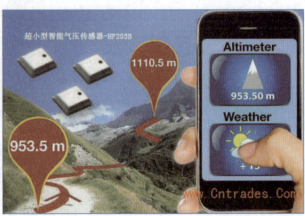

图3-20 气压传感器

这些领域对传感器精度的要求都非常高，高精度气压传感器一般是利用MEMS技术在单晶硅片上加工出真空腔体和惠斯登电桥。两端的输出电压与施加的压力成正比，经过温度补偿和校准后具有体积小、精度高、响应速度快、不受温度变化影响的特点。输出方式一般为模拟电压输出和数字信号输出两种，其中数字信号输出方式由于和单片机连接方便，是目前市场上的主流。

（1）手机GPS测海拔高度

气压传感器首次在Galaxy Nexus智能手机上使用，而之后推出的一些Android系统手机中也包含了这一传感器。

对于喜欢登山的人来说，都会非常关心自己所处的高度。海拔高度的测量方法，一般常用的有两种方式，一是通过GPS全球定位系统；二是通过测出大气压，然后根据气压值计算出海拔高度。

由于受到技术和其他方面原因的限制，GPS计算海拔高度一般误差都会有十米左右，而如果在树林里或者是在悬崖下面时，有时甚至接收不到GPS卫星信号。

而气压的方式可选择的范围会广些，而且可以把成本控制在比较低的水平。另外，像Galaxy Nexus等手机的气压传感器还包括温度传感器，它可以捕捉到温度来对结果进行修正，以增加测量结果的精度。

所以在手机原有GPS的基础上再增加气压传感器的功能，可以让三维定位更加精准，如图3-21所示。

图3-21 气压传感器定位

（2）在智能手机中的应用

我们平常用的智能手机都使用了气压传感器，很多用户对于气压传感器还不是很了解。

对于爱好登高的人来说如何知道自己所处的海拔？你可能会说，通过GPS全球定位系统来计算出海拔，但是由于存在十米左右的较大误差，以及GPS卫星信号接收不能够保障等问题，因此这种方法会带给人们很多不便。

另外，可以通过压力传感器测量大气压，进而根据气压值计算出海拔高度，同时还能根据温度传感器数据来进行修正，以得到更精确的数据，同时成本会更低。

如果说使用压力传感器来计算海拔算是一项不错的应用，那么利用压力传感器来辅助导航，是不是会觉得惊讶？由于导航仪市场较为混乱，产品质量良莠不齐，因此经常会出现导航仪瞎指挥的现状。例如，在高架桥上时GPS可能会指挥你转弯，但其实并没有转弯出口。这往往是由于GPS存在误差，不能够判断车子在高架桥上还是桥下所致。但如果再加上气压传感器，测量出所处的高度，就能够将误差降低到1 m左右，随着精度提升导航也将变得更加精确。

同时当用户处于楼宇内时，内置感应器可能会无法接收到GPS信号，从而不能识别地理位置。配合气压传感器、加速计、陀螺仪等就能够实现精确定位。

（四）气压传感器安装

下面开始气压传感器的安装。首先介绍要用到的设备，如图3-22所示。

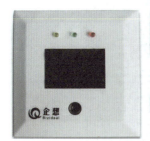  

（a）气压传感器　　　　　　　　　　　　（b）5 V和12 V接线柱

图3-22 气压传感器

气压传感器安装的接线图如图 3-23 所示。

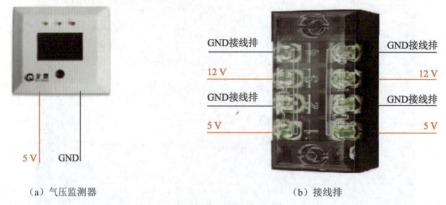

（a）气压监测器　　　　　　　　　　　（b）接线排

图3-23　接线图

按照接线图即可开始安装设备。

步骤 1　把 86 底盒安装到墙上合适位置，如图 3-24 所示。

步骤 2　打开温度传感器的底盖，按照线路图连接好电源线，如图 3-25 所示。

 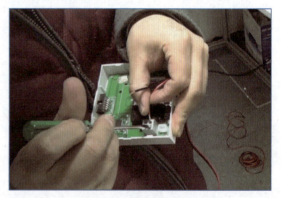

图3-24　底盒安装　　　　　　　　　　图3-25　电源线连接

步骤 3　按照接线图连接电源线接到 5 V 电源接线柱上，如图 3-26 所示。

图3-26　电源线连接

(五)气压传感器配置与维护

打开智能家居应用配置软件,用串口线连接好设备,按照图 3-27 所示配置气压传感器。然后重启即可完成配置。

图3-27 气压传感器配置

在以后的使用过程当中软件出现问题时,重新配置即可。

> **练一练:**
> 动手安装气压传感器,完成配置和接线部分的操作。

项目实训

实验开始前先安装手机客户端软件,客户端软件需要和主机配合使用,所有操作都需要登录到服务器才能实现,App 可以在软件资料文件夹中获得。找到安防报警系统软件并安装,安装完成之后连接上智能家居样板间路由器的 Wi-Fi 信号,连接成功后即可进行实验。

手机打开环境监测系统 App,如图 3-28 所示。

客户端软件登录界面如图 3-29 所示,图中方框标记的位置填写的是当前使用的服务器 IP 地址。

输入服务器 IP 地址确认登录,登录成功后等待几秒,周围的环境数据就会上传到软件中,在屏幕上半部分逐一显示温度、湿度和气压数据,并实时监测其数据变化,实时反馈给用户。

App 中间部分会根据温度、湿度、气压的值,给用户提供日常所需的生活和出行建议,如图 3-30 所示。

图3-28　App图标

图3-29　登录界面

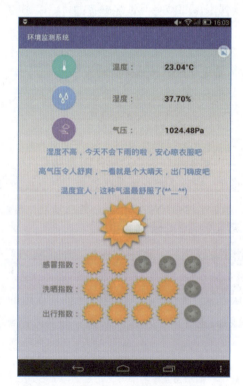
图3-30　环境数据

感冒指数、洗晒指数和出行指数都会根据当天的天气情况（即监测到的温度、湿度和气压数值）给出相应的评分，为用户提供较为直观和人性化的体验，让用户能够根据星级评分来判断生活指数。另外，界面中间的天气指示图标也会随着天气的变化而变化，与天气预报中的图标类似，阴雨、下雪、大雾等天气就会变换成相应的下雨图标、下雪图标和大雾图标。

练一练：

练习使用环境监测 App。

练 习

1. 智能家居环境监测系统（　　）。
   A. 温度传感器 B. 湿度传感器
   C. 气压传感器 D. 以上都有
2. 智能家居环境监测系统有（　　）的优点。
   A. 系统构成灵活 B. 场景控制功能丰富
   C. 安装、调试方便 D. 以上都是
3. 温度传感器按测量方式可以分为几类？分别是什么？
4. 气压传感器的工作原理是什么？

项目四
智能家居火灾预警系统

视频
火灾预警系统

项目描述

本项目将详细介绍智能家居控制系统中的重要子系统——火灾预警系统,包括智能家居火灾预警系统的功能、优点、相关技术和应用范围等相关知识。此外还介绍了智能家居火灾预警系统所需用到的单品,包括烟雾传感器和燃气传感器。在本项目的最后设有项目实训部分,让学生能够通过项目实训进一步巩固相关知识并且检验火灾预警系统的安装与配置是否成功。

相关知识

一、智能家居火灾预警系统介绍

智能家居火灾预警系统,是可以预警家中是否出现火灾或者燃气泄漏的系统。可实时监测安装地区内空气中的烟雾或燃气含量是否达到用户所设定的阈值,如果超过阈值,系统将会自动启动报警灯和换气扇。

随着经济和城市建设的快速发展,城市高层、住宅、地下建筑以及大型综合性建筑日益增多,火灾隐患也大大增加,火灾的数量及其造成的损失呈逐年上升趋势。在公用和民用建筑、宾馆、酒店、图书馆、科研和商业部门,火灾预警系统已成为必要的装置,火灾预警系统对住宅家居也有极其重要的安全保障作用。

二、智能家居火灾预警系统的功能

阈值设置功能:用户可根据自己的要求自行设置燃气和烟雾在空气中浓度的阈值。

触发功能:在数据达到阈值后,系统自动触发报警灯和换气扇电源。

预警功能:在触发报警灯和换气扇后,系统将给用户通信设备内发送预警消息。图4-1为火灾预警系统适用场合。

项目四　智能家居火灾预警系统

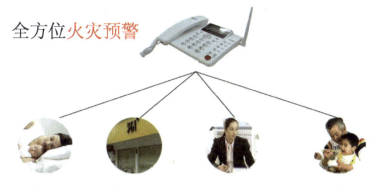

图4-1　火灾预警系统适用场合

试一试：

　　尝试设计一套火灾预警系统。

三、智能家居火灾预警系统相关技术

目前智能家居火灾预警系统由下列组件组成：

1. 烟雾传感器

烟雾传感器（见图4-2）就是通过监测烟雾的浓度来实现火灾防范的，烟雾报警器内部采用离子式烟雾传感，离子式烟雾传感器是一种技术先进、工作稳定可靠的传感器，被广泛运用到各种消防报警系统中，性能远优于气敏电阻类的火灾报警器。它在内外电离室里面有放射源镅241，电离产生的正、负离子，在电场的作用下各自向正负电极移动。在正常情况下，内外电离室的电流、电压都是稳定的。一旦有烟雾窜逃外电离室，干扰了带电粒子的正常运动，电流、电压就会有所改变，破坏了内外电离室之间的平衡，无线发射器就会发出无线报警信号，通知远方的接收主机，将报警信息传递出去。

图4-2　烟雾传感器

1）离子式烟雾传感器

离子式烟雾传感器对微小的烟雾粒子的感应要更为灵活一些，对各种烟雾能够均衡响应。离子式烟雾传感器干扰了带电粒子的正常运动，由电流、电压的改变来确定空气中的烟雾状况。

2）光电式烟雾传感器

光电烟雾传感器内有一个光学迷宫，安装有红外对管，无烟时红外接收管收不到红外发射管发出的红外光，当烟尘进入光学迷宫时，通过折射、反射，接收管接收到红外光，智能报警电路判断是否超过阈值，如果超过发出警报。

光电式烟雾传感器可分为减光式和散射光式，分述如下：

（1）减光式光电烟雾传感器

该传感器的监测室内装有发光器件及受光器件。在正常情况下，受光器件接收到发光器件

95

发出的一定光量；而在有烟雾时，发光器件的发射光受到烟雾的遮挡，使受光器件接收的光量减少，光电流降低，传感器发出报警信号。

（2）散射光式光电烟雾传感器

该传感器的监测室内也装有发光器件和受光器件。在正常情况下，受光器件接收不到发光器件发出的光，因而不产生光电流。在发生火灾时，当烟雾进入监测室时，由于烟粒子的作用，使发光器件发射的光产生漫射，这种漫射光被受光器件接收，使受光器件的阻抗发生变化，产生光电流，从而实现了烟雾信号转变为电信号的功能，传感器收到信号然后判断是否需要发出报警信号。

3）气敏式烟雾传感器

气敏式烟雾传感器是一种监测特定气体的传感器。它主要包括半导体气敏传感器、接触燃烧式气敏传感器和电化学气敏传感器等，其中用得最多的是半导体气敏传感器。它的应用主要有一氧化碳气体的监测、瓦斯气体的监测、煤气的监测、氟利昂（R11、R12）的监测、呼气中乙醇的监测、人体口腔口臭的监测等。

气敏式烟雾传感器将气体种类及其与浓度有关的信息转换成电信号，根据这些电信号的强弱就可以获得与待测气体在环境中的存在情况有关的信息，从而可以进行监测、监控、报警；还可以通过接口电路与计算机组成自动监测、控制和报警系统。

其中气敏传感器有以下几种类型：

① 可燃性气体气敏元件传感器：包含各种烷类和有机蒸气类（VOC）气体，大量应用于抽油烟机、泄漏报警器和空气清新机。

② 一氧化碳气敏元件传感器：一氧化碳气敏元件可用于工业生产、环保、汽车、家庭等一氧化碳泄漏和不完全燃烧监测报警。

③ 氧传感器：应用很广泛，在环保、医疗、冶金、交通等领域需求量很大。

④ 毒性气体传感器：主要用于监测烟气、尾气、废气等环境污染气体。

气敏式烟雾传感器的典型型号有MQ-2烟雾传感器（见图4-3）。该传感器常用于家庭和工厂的气体泄漏装置，适宜于液化气、丁烷、丙烷、甲烷、酒精、氢气、烟雾等的探测。

2. 燃气传感器

监测可燃性气体泄漏的警报器广泛应用于煤矿和工厂，在家庭也开始普及，用来监测瓦斯、液化石油气、一氧化碳有无泄漏，以预防气体泄漏引起的爆炸和不完全燃烧引起的中毒。这些警报器的核心部分就是燃气传感器（见图4-4），它是气体传感器的一种。

图4-3　MQ-2烟雾传感器

图4-4　燃气传感器

(1) 半导体气体传感器

半导体气体传感器主要是以 SnO_2 等 n 型氧化物半导体上添加白金或钯等贵金属而构成的。可燃性气体在其表面发生反应引起 SnO_2 电导率的变化，从而感知可燃性气体的存在。这种反应需要在一定的温度下才能发生，所以还要对传感器用电阻丝进行加热。

(2) 接触燃烧传感器

接触燃烧传感器是指可燃性气体与催化剂接触式发生燃烧，使得白金线圈的电阻发生变化，从而感知燃气的存在。这种传感器是由载有白金或钯等贵金属催化剂的多孔氧化铝涂覆在白金线圈上而构成的。

四、智能家居火灾预警系统的应用范围

智能家居火灾预警系统通过物联网，收集散布在家居环境中的传感器接收到的参数至智能家居终端上。在终端上可以看到传感器接收到的具体参数，并且根据参数进行调整后，将参数发还给智能家居的其他成员，如报警灯，数据超过阈值后报警灯会自动开始运作。

随着传感器技术的提升以及物联网技术的发展，智能家居火灾预警系统不止是用在家居环境中，也可应用在教室、办公室等环境中。

> 试一试：
> 尝试为教室和校园设计一套智能火灾预警系统。

五、智能家居火灾预警系统的优点

随着生活节奏不断加快，智能化家居越来越吸引群众的眼球。智能家居环境监测系统可以很好地解决家居环境问题。智能家居火灾预警系统特点如下：

(1) 系统构成灵活

从总体上看，智能家居控制系统是由各个子系统通过网络通信系统组合而成的。可以根据用户需要，减少或者增加子系统，以满足需求。

(2) 操作管理便捷

智能家居控制的所有设备可通过手机、平板电脑、触摸屏等人机接口进行操作，非常方便。

(3) 场景控制功能丰富

可以设置各种控制模式，如离家模式、回家模式、下雨模式、生日模式、宴会模式、节能模式等，极大满足对生活品质的需求。

(4) 安装、调试方便

智能家居环境监测系统可以根据房屋主人的需求，自由更改家居环境的温度、湿度和气压度。也可根据系统自动设置参数，达到满足人体适宜度的参数值。

(5) 反应速度快

在真正的火灾灾情中，往往几秒钟时间就决定了人们的生死。相比于传统的火灾预警系统，需要人工按压按键或转动把手，智能化的火灾预警系统可以完全不依赖于人工操作，一旦传感器监测到的数值超标，立即做出响应。

项目实施

任务一 学习"上海企想"智能家居体验间火灾预警系统结构

早在远古时期人类就能对火进行利用和控制,这是文明进步的一个重要标志。人们用火取暖、照明、烘烤食物,并且不断探索火的规律,如图 4-5 所示。人类使用火的历史与同火灾作斗争的历史是相伴相生的,人们在用火的同时,不断总结火灾发生的规律,尽可能地减少火灾及其对人类造成的危害。

图4-5 远古时期人类开始利用火照明取暖烘烤食物

因此,在智能家居系统中火灾预警系统也是不可或缺的部分,在煤气发生泄漏,燃烧产生浓烟时系统会自动报警,在第一时间发现隐患,杜绝火灾的发生,如果火灾已经发生也可以第一时间逃生。

下面以上海企想智能家居体验中的火灾预警系统为例,描述常见的火灾预警系统的结构,其示意图如图 4-6 所示。

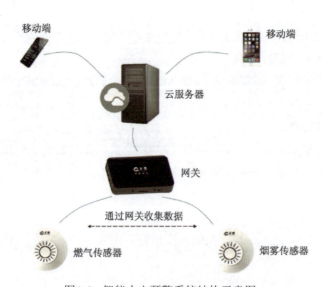

图4-6 智能火灾预警系统结构示意图

当传感器收到监测数据后,传感器会将数据通过 ZigBee 的传输方式传输到智能网关中的协调器,然后再由智能网关打包数据,转发给服务器。服务器收到数据后进行解析与计算,将最终的数据送到手机客户端,呈现在客户面前,如图 4-7 所示。

图 4-7　监测通信过程,从左至右

厨房是火灾的主要发生场所,煤气泄漏或者忘记关闭火源都可能引发火灾,使用智能家居火灾预警系统可以实时监测燃气值和烟雾值,当参数超过预定的值时,传感器上的蜂鸣器就会报警,服务器也会发送提示到主人的手机终端。

智能家居火灾预警系统是整个大系统中的安全保卫者,实时监控能让主人在家里面放心地生活,体现了现代智能家居的智能化和人性化,最大程度地保障了人们的生命财产安全。

任务二　掌握烟雾传感器的相关原理及安装过程

(一)烟雾传感器背景介绍

视频 •
烟雾探测器

烟雾传感器就是通过监测烟雾的浓度来实现火灾防范的,烟雾报警器的内部采用离子式烟雾传感,离子式烟雾传感器是一种技术先进、工作稳定可靠的传感器,被广泛应用在各种消防报警系统中,性能远优于气敏电阻类的烟雾报警器。

烟雾传感器可以是单一功能,也可以是多功能;可以是单一的实体,也可以是由多个不同功能的传感器组成的阵列。但是,任何一个完整的烟雾传感器都必须具备以下条件:

① 能选择性地监测某种单一烟雾,而对共存的其他烟雾不影响或低影响。

② 对被测烟雾具有较高的灵敏度,能有效地监测允许范围内的烟雾浓度。

③ 对监测信号响应速度快,重复性好。

④ 长期工作稳定性好。

⑤ 使用寿命长。

⑥ 制造成本低,使用与维护方便。

根据烟雾传感器的以上优点,烟雾传感器的主要用途有:用于煤矿井下有瓦斯和煤尘爆炸危险及火灾危险的场所,能对烟雾进行就地检测和集中监视,能输出标准的开关信号,并能与国内多种生产安全监测系统及多种火灾监控系统配套使用,亦可单独使用于带式输送机的火灾监控系统;具有抗腐蚀能力强、灵敏度高、结构简单、功耗小、成本低、维护简单等特点。对火灾初期各类燃烧物质引燃阶段产生的不可见及可见烟雾,监测稳定可靠,切实有效地防止粉尘干扰所引起的非火灾误报。

烟雾传感器还广泛应用在城市安防、小区、工厂、公司、学校、家庭、别墅、仓库、资源、石油、化工、燃气输送等众多领域,如图 4-8 所示。

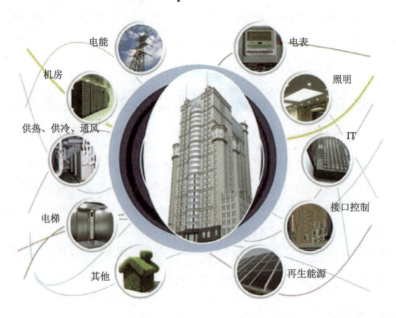

图4-8 烟雾传感器应用

(二)烟雾传感器原理

1. 烟雾传感器的工作原理

当发生火灾的烟雾进入到监测电离室,位于电离室中的监测源镅241放射α射线,使电离室内的空气电离成正负离子。当烟雾进入时,内外电离室因极性相反,所产生的离子电流保持相对稳定,处于平衡状态;火灾发生初期释放的气溶胶亚微粒子及可见烟雾大量进入监测电离室,吸附并中和正负离子,使电离电流急剧减少,改变电离平衡状态而输出监测电信号,经后级电路处理识别,发出报警,并向配套监控系统输出报警开关信号。烟雾传感器如图4-9所示。

图4-9 烟雾传感器

2. 监测原理

在传感器的电离室内放一个α放射源Am241,其不断地持续放出α粒子射线,以高速运动撞击空气中的氮、氧等分子,在α粒子的轰击下引起电离,产生大量的带正负电荷的离子,从而使得原来不导电的空气具有导电性,当在电离室两端加上一定的电压后,使得空气中的正负离子向相反的电极移动,形成电流、电离。具体电流的大小与电离室本身的几何形状、放射源活度、α粒子能量、电极电压的大小及空气的密度、温度、湿度和气流速度等因素有关。

当烟雾粒子进入电离室后,由于气溶胶吸附大量的正负离子,使其中和。烟雾浓度导致离子复合几率加快,从而使空气中电离、电流迅速下降,电离室阻抗增加,因此根据R值变化可以感受到烟雾浓度的变化,从而实现火灾的探测。

（三）烟雾传感器的安装

烟雾传感器的安装要用到的设备如图4-10所示。

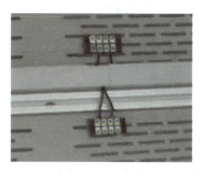

（a）烟雾传感器　　　　　　　　　　　（b）5 V和12 V接线柱

图4-10　烟雾传感器

烟雾传感器安装的接线图如图4-11所示。

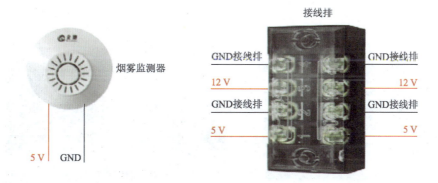

图4-11　接线图

下面按照接线图开始安装设备。

步骤1　把烟雾传感器的底座安装到墙上合适的位置，如图4-12所示。

图4-12　底座安装

步骤2　在烟雾传感器的后面接上电源线，如图4-13所示。

步骤3　将电源线接到5 V接线柱，并把烟雾传感器安装到底座上，如图4-14所示。

图4-13　电源线连接

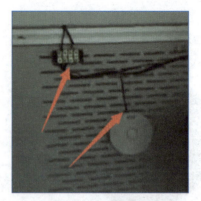
图4-14　电源线连接

（四）烟雾传感器配置

打开智能家居应用配置软件，用串口线连接好设备，按照图4-15所示配置烟雾传感器。然后重启即可完成配置。

图4-15　烟雾传感器配置

在以后的使用过程当中软件出现问题时，可以通过重新连接计算机与问题设备，打开配置软件并重新配置来解决问题。

练一练：

动手安装烟雾传感器，完成配置和接线部分的操作。

• 视频

燃气探测器

任务三　掌握燃气传感器的相关原理及安装过程

（一）燃气传感器背景介绍

空气中潜在的可燃气体是大气中最常见的危险因素。所以，用于监测可燃气体的传感器是便携式空气监测设备中应用最广的传感器类型，尤其是对狭窄空间进行大气监测时应用更多。虽然现在全球有数百万只可燃气体传感器用于大气监测，但是人们对于这种类型传感器的性能特点和局限性有很多错误的信息和不正确的认识，了解可燃气体传感器探测气体的工作原理，对于正确判读探测结果、避免错误使用带有这种传感器的仪器设备来说是很关键的。

在我们的生活中有很多地方可燃气体超标是非常危险的，如开采煤炭的深井中的瓦斯超标就会给工人带来危害，新闻报道里的矿井瓦斯爆炸就是因为没有及时监测瓦斯的浓度所产生的事故；家庭厨房里的煤气泄漏，在泄漏的煤气浓度超过安全浓度后见到明火就会发生爆炸，有可燃气体传感器监测后并发出警报，就可以避免事故的发生。由可燃气体引起的事故有很多，所以在一些危险工作区域和家庭中安装可燃气体传感器，让生活和工作更加安全。

可燃气体传感器是对单一或多种可燃气体浓度响应的传感器。可燃气体传感器有催化型、红外光学型、半导体型等。

（二）燃气传感器原理

每种可燃气体传感器内均包含有催化元件和补偿元件。通常情况下，催化元件和补偿元件是成对使用的。

当环境中没有可燃气体时，电桥中催化元件和补偿元件都不会发生反应，这时电路处于平衡状态，不会有输出量；当存在可燃气体时，由于催化元件发生氧化反应，电桥不再平衡，这时，电路的输出量将与燃烧反应的速率等原因相关。

那么传感器采集到可燃气体的浓度是如何得出的？下面说一下具体的过程：上面所说的两个元件通常被管理在桥梁电路中，如果传感器的阻力与平衡器不同，将导致只有输出。550℃~550℃的恒定直流电压通过搭桥对元件加热，只有在传感器元件上可燃气体才被氧化，增加的热量会加大电阻，产生的信号与可燃气体的浓度成正比。

（三）燃气传感器分类

可燃性气体监测报警器的监测原理主要有催化燃烧型、电化学型、热导型、半导体型和红外吸收型等。采样方式有扩散式和吸入式。主要结构由监测元件、放大电路、报警系统、显示器等组成。按安装方式分类主要有固定式和便携式两种，用于监测和报警该环境中单种或多种可燃气体的浓度。

可燃性气体传感器可连续监测工作场所环境中可燃性气体最低爆炸极限以下的浓度（以下简称"浓度"）。仪表输出与空气总爆炸气体浓度成正比的信号，该信号可方便地引入DCS、PLC或其他数据采集系统。它广泛应用于石油天然气、石油化工、化工、冶金、油库等存在可燃性气体的各个行业，是保证工厂安全与人身安全的理想监测仪表。

接触燃烧式监测报警仪一般以氧化铝为载体，与钯、铑一类的氧化催化剂混合以后，涂在铂金属丝上，然后烧制成线圈装在探头内，探头为铜或不锈钢制成的烧结金属圆桶，该线圈作为平衡电桥的一个灵敏监测臂。探头内还有一根铂金属线圈，作为电桥的另一补偿臂。当电流通过铂金属丝时，将其加热到一定的温度，电桥处于平衡状态，当有可燃性气体与催化剂接触时，则在表面发生无焰燃烧，燃烧热使铂金属丝温度升高，其电阻值也相应增大，电桥失去平衡，电桥输出与可燃气体浓度有相应关系的不平衡电压，此电压经过放大后，驱动报警电路（开关电路）输出报警、指示信号，也可送到二次仪表或DCS进行显示。

半导体式监测器的监测元件是在金属氧化物内埋入两根测量电极，安装在现场探头内，作为平衡电桥的一个灵敏测量臂（见图4-16）。

图4-16　灵敏测量臂

由于金属氧化物对可燃性气体有吸附作用，当有可燃性气体通过监测元件的表面时，被金属氧化物吸附，其电阻值随可燃性气体浓度的变化而变化，从而使电桥失去平衡，输出和可燃性气体浓度成比例的不平衡电压。此电压经过放大后，驱动报警电路（开关电路）输出报警、指示信号，也可送到二次表或DCS进行显示。

可燃气体传感器的应用领域相当广泛，以固定式可燃气体报警器市场来看，主要应用在煤矿、石油石化等领域。

目前，我国固定式可燃气体报警器市场超过一半分布在煤矿领域。由于地下采煤作业环境的特殊性，对矿井、矿道的可燃气准确监测至关重要。因此，煤矿市场对长期稳定、高品质的可燃气体传感器有着巨大的潜在需求。另外，在石油石化行业，石油化工产品通常具有易燃易爆的特点。出于安全考虑，目前国内石化企业都安装了固定式可燃气体报警器，根据需要安装在液化气储罐、脱氢反应器或裂解车间等易燃气体容易发生的区域。

（四）燃气传感器安装

燃气传感器的安装要用到的设备如图4-17所示。

（a）燃气传感器　　　　　　　　　　（b）5 V和12 V接线柱

图4-17　燃气传感器

燃气传感器安装的接线图如图 4-18 所示。

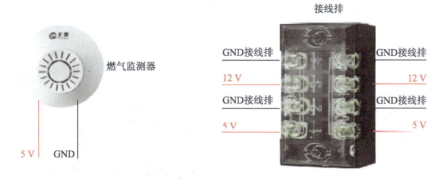

图4-18　接线图

下面按照接线图就可以开始安装设备。

步骤 1　把燃气传感器的底座安装到墙上合适的位置，如图 4-19 所示。

图4-19　底座安装

步骤 2　在燃气传感器的后面接上电源线，如图 4-20 所示。

步骤 3　将电源线接到 5 V 接线柱，并把烟雾传感器安装到底座上，如图 4-21 所示。

图4-20　电源线连接

图4-21　电源线连接

（五）燃气传感器配置与维护

打开智能家居应用配置软件，用串口线连接好设备，按照如图 4-22 所示配置燃气传感器。然后重启即可完成配置。

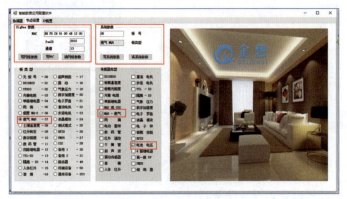

图4-22　燃气传感器配置

在以后的使用过程当中软件出现问题重新配置即可。

> **练一练：**
> 动手安装燃气传感器，完成配置和接线部分的操作。

项目实训

实验开始前先安装手机客户端软件，客户端软件需要和主机配合使用，所有操作都需要登录到服务器才能实现，App 可以在软件资料文件夹中获得，找到火灾预警系统软件并安装，安装完成之后连接上智能家居样板间路由器的 Wi-Fi 信号，连接成功即可进行实验。

手机打开火灾预警系统 App，如图 4-23 所示。

客户端软件登录界面如图 4-24 所示，图中方框标记的位置填写的是当前使用的服务器 IP 地址。

输入服务器 IP 地址确认登录，登录成功后，在界面上的"设置阈值"模块中，用户可以在这个模块设置烟雾和燃气的阈值，点击"设置阈值"按钮，之后，打开"模式开关"进入火灾预警模式。

当环境中的烟雾值和燃气值比设置的阈值要低时，一切正常，室内处于安全状态，如图 4-25 所示；当烟雾值超过了设置的烟雾阈值时，通过服务器的信息处理，判断为有火情状态，排风扇开始工作，同时报警灯闪烁，手机客户端软件也实时通知主人，如图 4-26 所示。

> **注意：**
> 烟雾值和燃气值之间是"或"的关系，也就是说这两个值中只要有一个超过阈值都会被视为有火灾险情，服务器会启动相应装置对险情进行控制。

另外，App 中还做了换气扇和报警灯的单独控制按钮来防止系统误报，若出现误报情况，可以使用单控按钮来关闭这两个设备。

项目四　智能家居火灾预警系统

图4-23　App图标

图4-24　软件登录界面

图4-25　安全状态

图4-26　有火情状态

 练　习

1. 烟雾传感器根据工作原理可分为
   A．减光式烟雾传感器和离子式烟雾传感器
   B．离子式烟雾传感器和光电烟雾传感器
   C．散光式烟雾传感器和光电式烟雾传感器
   D．减光式烟雾传感器和散光式烟雾传感器

2. 以下哪些是气敏传感器的类型？
   A．氧传感器　　　　　　　　　　　　B．毒性气体传感器
   C．一氧化碳气敏元件传感器　　　　　D．以上都是

3. 烟雾传感器可以分为几类？分别是什么？

4. 气敏传感器可以分为几类？分别列举出来。

5. 烟雾传感器的工作原理是什么？

6. 燃气传感的工作原理是什么？

107

项目五

智能家居常用家电控制系统

视频

家电控制系统

 项目描述

本项目将详细介绍智能家居控制系统中的重要子系统——家电控制系统,包括智能家居家电控制系统的功能、优点、相关技术和应用范围等相关知识。此外还介绍了智能家居家电控制所需用到的单品:红外转发器。在本项目的最后设有项目实训部分,让学生能够通过项目实训来进一步巩固相关知识并且检验家电控制系统的安装与配置是否成功。

 相关知识

一、智能家居常用家电控制系统(红外转发)介绍

智能家居是通过物联网技术将家中的各种设备(如音视频设备、照明系统、窗帘控制、空调控制、安防系统、数字影院系统、影音服务器、影柜系统、网络家电等)连接到一起,提供家电控制、照明控制、电话远程控制、室内外遥控、防盗报警、环境监测、暖通控制、红外转发以及可编程定时控制等多种功能与手段。而红外线传输技术因技术成熟、稳定性好、私密性强、且成本相对低廉,在智能家居控制系统中得到广泛的应用。红外传输技术是一种利用红外线作为载体,进行数据传输的技术。在日常生活中,红外传输技术随处可见,最典型的莫过于电视机、空调等家用电器通过红外遥控器进行控制。随着科技的进步,大众生活水平的不断提高,人们对家居智能化的要求也越来越高,诸如灯光控制、背景音乐、安防报警等方面也逐渐开始转向智能化控制,如图5-1所示。

项目五　智能家居常用家电控制系统

图5-1　智能家电控制

1. 系统的分类

智能家居室家电控制系统：通过原有的控制开关，可实现对家电的直接控制（空调、TV、DVD）。

用户自主控制系统：是指用户可以通过手机 App，自主对家电（空调、TV、DVD）进行红外遥控，并可以设置时间，到了设置时间自动打开家电，按照自己的意愿来随时进行家电的控制。如下班前，打开家里的电饭煲开始煮饭，到家时饭刚好煮好。

远程控制系统：用户可以通过网络，远程控制家用电器的开关，如冬天下班前打开家里空调先温暖房间。

2. 系统的组成

红外转发系统通常由：控制器（手机等安装 App 的设备）、红外转发模块和接收器（空调、TV、DVD）三部分构成。红外转发模块是系统的主体部分，红外转发模块是由红外转发结点板和红外接收发射顶板组成的，红外转发结点板处理控制器的信号，并且通过红外接收发射顶板，转发控制信号到接收器来完成信号的转发。

> **说一说：**
> 讲述你见过的智能家电控制系统。

二、智能家居常用家电控制系统的功能

1. 红外转发

远距离全角度红外遥控信号无线转发器，适用于大部分空调、电视机、DVD、功放、音响、有线电视机顶盒等红外线遥控产品。产品采用吸顶式设计，使用方便。内置大功率红外发射管，发射角度为全方位 360 度，全方位覆盖房间的每一个角落，轻松实现高灵敏、高准确控制。可

以智能学习59组无线和红外码,红外线码长达到2048位,超越同类产品很多倍,适合用各类红外遥控家电产品,技术上远远领先同类产品。红外转发控制如图5-2所示。

图5-2　红外转发控制

2. 场景模式

设备联动控制功能在智能家居的很多功能中都扮演了极为重要的角色。使用一键控制功能,便可以同时对预先设定的设备进行相关的控制。比如说,用户设置了回家模式,这其中就牵涉家中的所有灯具、各种家电,还有门窗、安防设施。启动该模式后,家中关闭的灯具都会同时打开,各类电器也会切换到事先设置好的状态。经过情景模式(见图5-3)设置,可以实现一键式操作,大大提高了效率,还能做到低碳节能,健康环保。

图5-3　场景模式

> **试一试:**
> 尝试设计一套智能家电控制系统。

三、智能家居常用家电控制系统相关技术

目前,家电控制系统主要有两种技术:红外通信技术和红外学习转发技术。

1. 红外通信技术

红外线是一种电磁辐射,波长比可见光长,但比射频短,在750 nm到1 mm之间。红外通信是利用红外技术实现两点间的近距离保密通信和信息转发。它一般由红外发射和红外接收系统两部分组成。发射系统对一个红外辐射源进行调制后发射红外信号,而接收系统用光学装置和红外传感器进行接收，就构成了红外通信系统。

红外通信技术的特点有信息容量大，结构简单，既可在室内使用也可在野外使用。其工作原理为：在住户的天花板上安装一个红外转发器，当主人在家时，可通过手机安装的 App 进入界面，控制管理家居（空调、TV、DVD），如图5-4所示。

图5-4　智能家居红外通信控制方式

2. 红外学习转发技术

随着远程教育系统的不断发展和日趋完善，利用多媒体作为教学手段在各级各类学校都得到了广泛应用。近年来，教仪厂商在多媒体教学系统的开发和研制中，经常遇到同时使用多种红外遥控设备，为多媒体教学提供了许多便利。

红外学习转发技术的工作原理为：采用各设备集中控制的方式解决问题。集中控制各设备的方法是首先对各设备的红外遥控信号进行识别并存储（自学习），然后在需要时进行还原。由 PC 或集中控制器（手机）发送设备信号及控制命令信号至红外遥控信号自学习及还原电路，再由此电路恢复对应的红外遥控信号并发射出去，控制指定的红外遥控设备动作，如图 5-5 所示。

图5-5　红外转发器

> **说一说：**
> 总结一下红外技术的优缺点。

四、常用家电控制系统的使用范围

在家居环境中，绝大多数家电设备的控制都是依赖于红外遥控控制的。但家庭中电器遥控器过多，也很不方便。而在智能家居兴起的时代，这样的一个产品兴起，它就是红外学习遥控转发器（一个可以学习红外信号并转发控制家电设备的产品），如图 5-6 所示。通过红外学习转发器首先将遥控器的红外信号学习存储到红外学习模块，然后把调取的命令发出去，就可以取代各种各样的遥控器从而集中控制家用电器产品。

图5-6　智能家居家电控制器

五、智能家居常用家电控制系统的优点

① 系统构成灵活：从总体上看，智能家居家电控制系统是由各个子系统通过网络通信系统组合而成的。用户可以根据需要，减少或者增加子系统，以满足管理需求。

② 操作管理便捷：智能家居家电控制的所有设备可以通过手机、平板电脑、触摸屏等人机接口进行操作，非常方便。

③ 场景控制功能丰富：可以设置各种控制模式，如离家模式、回家模式、下雨模式、生日模式、宴会模式、节能模式等，极大满足生活品质需求。

④ 信息资源共享：将家里的温度、湿度、干燥度等，由家中安装的各种传感器搜集到的信息同步到手机 App 端，形成整个区域性的环境监测点，用户可实时了解家中的环境参数。参数信息也可以上传至网络，为环境的监测提供有效价值的信息。

⑤ 安装、调试方便：即插即用，用无线的方式可以快速部署控制系统。

项目实施

任务一　学习"上海企想"智能家居体验间家电控制系统结构

遥控器大家都不会陌生，现代的家用电器如电视、空调、家庭影院、机顶盒风扇等设备都配备了遥控器，遥控器的出现为人们的生活带来了方便，遥控器上面各种各样的功能让人们方便地操控家用电器，如图 5-7 所示。

图5-7　常用家用电器

项目五 智能家居常用家电控制系统

随着生活水平的提高，家里的家用电器越来越多（见图5-8），现在的遥控器都是用干电池供电，废弃的干电池会污染环境，不利于人们的生活健康（见图5-9）。

图5-8 各种电器上的遥控器

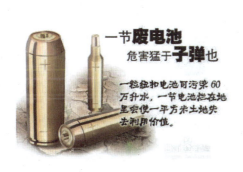

图5-9 干电池污染环境

在智能家居系统中加入红外转发器能替代家中各种遥控器，家中只需要安装一个红外转发器，人们就可以用手机控制家中所有的电器，再也不用为找不到遥控器而烦恼，这也减少了干电池的使用，为环保事业做出了很大的贡献，如图5-10所示。

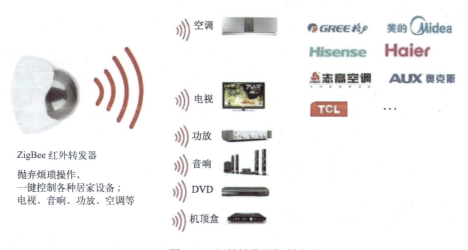

图5-10 红外转发器控制电器

113

下面以上海企想智能家居家电控制系统为例，了解红外转发器在系统中的使用过程。

如图 5-11 所示，常用电器控制系统采用红外转发器，在控制终端（手机）发送指令后，服务器接收到信号，服务器通过网络把命令转发给智能网关的协调器，智能网关中的协调器通过 ZigBee 网络把命令发送给红外转发器，最终红外转发器把红外信号发送给受控的设备。

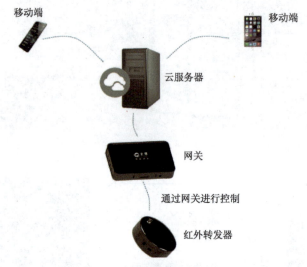

图5-11　红外线转发器通信原理图

客户通过操作客户端来发出控制命令，服务器接收到控制命令后会将其转发给智能网关，在智能网关中会对控制命令进行识别，若匹配，则会下发至网关中的协调器，再由协调器下发给执行器结点，最后执行器执行相应的动作，如图 5-12 所示。

图5-12　控制通信过程，从左至右

在实际应用中，常用家电控制系统可以单独使用，也可以与其他的模式一起启动，例如，平常主人六点下班到家，则可以设定好时间开启电视或者家庭影院，打开空调，调到主人喜欢的电视节目或者打开主人喜欢听的音乐。早上起床设定好起床时间，准时开启电视看到当天的新闻。根据情景模式不同，常用家电控制系统可以打开不同的电器来应对需求。

根据上面的介绍，智能家居常用家电控制系统依靠系统的稳定性，结合红外转发器，将红外转发器连接到家庭智能网关上，并联网到服务器。外出时拿出手机就可以操作家里的家用电器，一键开启电视、空调等设备，让主人一到家就可以即时观看电视节目和享受舒适的环境，这极大地方便了人们的生活，做到了真正的智能化生活。

任务二　掌握红外转发器的相关原理及安装过程

1. 红外转发器背景介绍

随着社会的发展以及人们生活水平的不断提高，有一种系统正在被人们所需要，因为有了这样的一种系统之后，人们会得到更多的便利，也得到更多的安全。那么这样的一种系统是什么呢？那就是智能家居系统。那么在这套系统中是谁起到了至关重要的作用？它就是本章所说的红外转发器（见图5-13）。没有它的存在，智能家居中有很多功能不会实现。

图5-13　红外转发器

红外转发器具有以下优点：

① 它的使用是非常广泛的。不管是新建造的房屋还是旧宅，大家都可以使用这种无线红外转发器，建立属于自己的智能家居系统。一般来说，新开发的房产都有智能设施，而想在旧宅中进行智能改造也不是很难，它的安装非常方便，甚至不需要任何布线，安装以后，就能进行远程的控制。

② 能够控制家中任何一种使用红外设备（见图5-14）。也就是说，有了它的存在，几乎家中所有的电器都能一并进行管理，不管是电视机、空调、冰箱等，人们能在家中的任何一个角落对这些电器进行控制，省时又省力。

③ 支持多种安装方式，满足人们的美化需求。这种无线红外转发器的安装是非常方便的，还可以根据人们的不同需求进行不同的安装。

目前很多手机制造商也把万能遥控器加入自己的产品功能中，下面就介绍下市面上常见的万能遥控器，如图5-15所示。

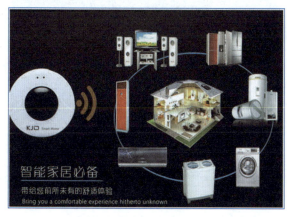

图5-14　红外设备

图5-15　手机万能遥控器

手机万能遥控器是一款能变身成各种电器的遥控器的工具。把手机变成"万能遥控器"，一部普通的手机可以被改造成"万能遥控器""3D 鼠标"或"PPT 演讲笔",手机万能遥控器可以学习记忆多达上百万个遥控器的控制动作。还可以将同一个控制功能以不同的名称或图标予以记忆存储,以便于不同的人员使用。为什么说是手机万能遥控器,因为它不但内部有几千个遥控代码,而且还具备红外线遥控码学习功能和网络分享下载,只要电器有红外遥控器,就可以用手机来控制。

手机是现在人们最常使用的一种手持式通信设备,大家都已经习惯随身携带手机或把手机经常放在身边。所以,很多人都希望手机也可以当家用电器的遥控器使用。现在,智能手机的软硬件已经十分强大,大尺寸的触摸屏可以设计成各种键盘布局的控制器。只要有合适的软件,配合小的附件,智能手机都可以当作家用电器的万能遥控器来使用,如图 5-16 所示。

众所周知,任何红外线的信号都是可以由一串二进制编码翻译表达出来的,手机通过外设或内部遥控模块电压信号都可以传递出一串含有二进制编码信息,转化为红外遥控器的红外线发射出来。

软件部分使用智能手机操作系统作为平台,在其基础上编写相应软件来操纵红外发射模块,如图 5-17 所示。

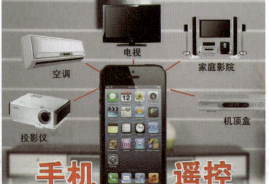

图5-16　手机遥控器　　　　　　图5-17　手机遥控

万能遥控器给人们的生活带来了便利,以下面两种万能遥控器为例,详细地介绍它为用户生活带来的便捷之处。

(1) 小米万能遥控器案例

2015 年 7 月 13 日小米众筹平台正式上线,小米自主众筹平台是为智能硬件产品项目发起者提供一站式的集众筹、孵化、运营、投资的综合服务平台。小米众筹平台上线前有不少用户以及媒体都相当期待小米的新品发布,果不其然在小米众筹平台上线的第一款产品是"小米万能遥控器",当天众筹数量为 2 000 个,在短短几分钟的时间就达到了众筹目标。

如图 5-18 所示,圆形设计的"小米万能遥控器"拥有 360°全方位的红外发射,有效距离为 20 m，别墅级的客厅同一空间内的所有家电可以无死角遥控，家电再多拿着手机就可以轻松遥控。

想要使用"小米万能遥控器"手机必须要安装小米"智能家庭"App，手机接入 Wi-Fi 遥控器接通电源，打开小米智能家庭，App 会自动弹出"小米万能遥控器"提示连接，按照提示点击下一步就可以绑定"小米万能遥控器"，如图 5-19 所示。

图5-18　万能遥控器

图5-19　万能遥控器

"小米万能遥控器"目前支持全球 6 千多家家电品牌、客户端本地自带 8 万多个遥控数据、同时云端储备有 25 万多个遥控器数据，可以说目前现有带遥控器的家电以及数码产品都能添加并遥控，同时"小米万能遥控器"也继承了小米系统跟新的优良传统，可以说能做到 100% 遥控。

如图 5-20 所示，"小米万能遥控器"的另一项讨喜的功能就是"远程遥控"以及"定时控制"功能，设备成功绑定之后，身在单位或者回家的路上就可以提前把空调打开，如果小米出个热水器的话也能远程遥控开始烧水，回家就能洗上热水澡。"定时控制"功能比较适合生物钟较规律的上班族。

（2）华为智能遥控案例

随着生活越来越智能化，如今手机也都有遥控器功能，如图 5-21 所示的华为手机万能遥控器。

图5-20　小米万能遥控器

图5-21　万能遥控器

华为智能遥控的特殊功能如下：

① 手机万能遥控器：完美遥控电视机、机顶盒、空调、照相机、网络盒子、DVD、投影仪等几乎所有家电。

② 发烧级遥控器：自动匹配全球电器产品库＋强大DIY手动学习功能。

③ 智能导视遥控：电视台的节目表被植入到遥控功能里，用户不仅可以从中看到想看的节目播出时间，更可以设置观看提醒，并且每个节目还有详情页面和同类节日推荐。

④ 聚类和搜索：华为智能遥控提供了娱乐、体育、财经、少儿、科教、新闻等多个类型，方便用户快速检索到影视信息。

> **说一说：**
> 说说你想象当中智能遥控器所具有的功能有哪些？

2. 红外转发器原理

智能家居红外转发器给人们的第一感觉很像平时用的遥控器，它的工作原理也跟遥控器相同。若用红外转发器控制家用电器，首先要进行对码（这里所要对的码就是人们平时所用的遥控器按键按下时所发射出来的信号），把要控制的家电遥控器对准红外转发器，点击"学习"按钮，把遥控器对准红外转发器进行学习，学习成功后即可在智能家居系统中进行控制。

如图5-22所示，当你点击系统中的控制按键时，系统会发射出一个信号，这个信号会被红外转发器接收，通过转换发射到相对应的家电上进行控制。

图5-22 空调控制系统

3. 红外转发器分类

现在市场上的智能家居红外转发器的种类只有一种，但每个公司的智能家居红外转发器都有自己的特点。

（1）小米智能家居红外转发器

以小米手机6为例，小米6手机中有一个红外线发射管，附带了红外遥控功能。换句话说，小米6具有控制空调、电视、机顶盒、DVD等多个产品的功能,成为一个名副其实的万能遥控器。这个万能遥控器有手机限制,必须是小米6,并且不是所有品牌的家用电器都能支持。另外,它自身还不能完成时下非常流行的远程控制。相反,物联传感打造的万能遥控器方案并没有上述限制,这种方案所需要的产品是一款名为物联无线红外转发器智能家居产品,并不对家电品牌、手机品牌、控制距离有选择性限制。除此之外小米还有壁挂式和吸顶式两种智能家居红外转发器,其优点是安装易用、安全稳定、广泛使用等。

(2)尼特智能家居红外转发器

NJ-HH3380型红外转发器可以实现有射频信号到红外信号的转换,将其安装在红外家电的对面,并通过相应的设置即可用智能家居遥控器代替原红外遥控器控制红外家电,从而实现红外家电的隔墙遥控和远程遥控,极大地方便对家中家电的控制。

视频
红外转发器

4. 红外转发器的安装

红外转发器安装要用到的设备如图5-23所示。

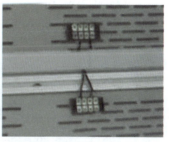

图5-23 红外转发器

红外转发器安装的接线图如图5-24所示。

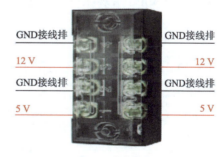

(a)红外转发器　　　　　　　　(b)接线排

图5-24 接线图

下面按照接线图即可开始安装设备。

步骤1　把红外转发器的底座安装到合适的位置,如图5-25所示。

步骤2　在燃气传感器的后面接上电源线,如图5-26所示。

图5-25 底座安装　　　　　　　　图5-26 电源线连接

步骤3　把电源线接到 5 V 接线柱上，如图 5-27 所示。

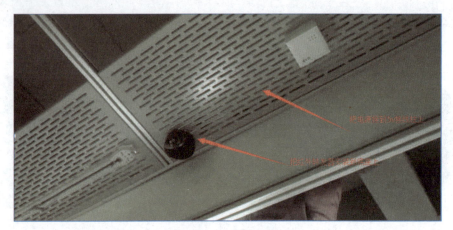

图5-27 电源线连接

5. 红外转发器配置与维护

打开智能家居应用配置软件，用串口线连接好设备，按照如图 5-28 所示配置红外转发器。然后重启即可完成配置。

图5-28 红外转发器配置

项目五 智能家居常用家电控制系统

在协调器设置中设置红外转发器的信号，设置好频道，点击"学习"按钮，就可以用设置的遥控器对准红外转发器进行学习，学习成功后在终端上即可根据频道号通过红外转发器进行控制设备，如图5-29所示。

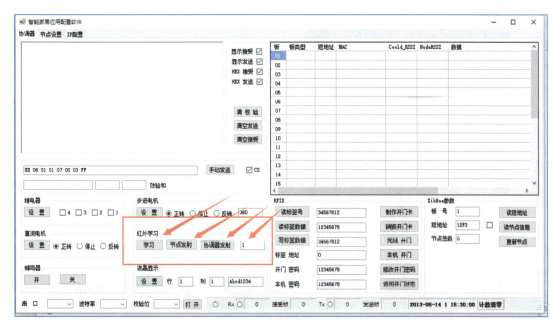

图5-29 红外学习

在以后的使用过程当中软件出现问题重新配置即可。

> **练一练：**
> 动手安装红外转发器，完成配置和接线部分的操作。

项目实训

实验开始前先安装手机客户端软件，客户端软件需要和主机配合使用，所有操作都需要登录到服务器才能实现，App可以在软件资料文件夹中得到。找到安防报警系统软件并安装，安装完成之后连接上智能家居样板间路由器的Wi-Fi信号，连接成功即可进行实验。

手机打开家电控制系统App，如图5-30所示。客户端软件登录界面如图5-31所示，图中方框标记的位置填写的是当前使用的服务器IP地址。

输入服务器IP地址确认登录，登录成功后出现的软件界面如图5-32所示。空调、电视机和DVD的单控模块是可以单个控制它们的开关的，在出现系统卡顿的情况下可以利用单控来解决问题。

如图5-33所示，系统当前时间是指当前手机的时间。用户可以在"设置家电自动启动时间"这个区域中，通过操作滚动时间条来设置需要家电自动启动的时间，如图5-34所示。打开"家电自动启动模式"的开关，即可设置家电的自动启动时间。等待系统时间达到用户设定的时间时，软件就会自动控制红外转发器，依次打开空调、电视和DVD。

图5-30　App图标

图5-31　软件登录界面

图5-32　智能家电控制系统

> 项目五 智能家居常用家电控制系统

图5-33 系统当前时间

图5-34 设置时间

练一练：

练习使用智能家电控制 App 完成这个工程的实验。

练　习

1. 以下哪些是可以通过红外控制的?
   A. 电视　　　　　B. 空调　　　C. DVD　　　　　D. 以上都是
2. 红外转发的系统组成有哪些?
3. 红外转发的优点有哪些?
4. 红外转发的原理是什么?

项目六
智能家居照明采光系统

视频
照明采光系统

项目描述

本项目将详细介绍智能家居控制系统中的重要子系统——照明采光系统，包括了智能家居照明采光系统的功能、优点、相关技术和应用范围等相关知识。此外还介绍了智能家居照明采光系统所需用到的单品，包括光照度传感器和继电器传感器。在本项目的最后设有项目实训部分，让学生能够通过项目实训来进一步巩固相关知识并且检查照明采光系统的安装与配置是否成功。

相关知识

一、智能家居照明采光系统的介绍

1. 智能家居照明采光系统

智能家居照明采光系统是指利用计算机、无线通信数据传输、扩频电力载波通信技术、计算机智能化信息处理及节能型电器控制等技术组成的分布式无线遥测、遥控、遥讯控制系统，来实现对智能家居室内照明设备甚至家居生活设备的智能化控制，达到安全、节能、舒适、高效的特点。智能家居室内照明采光系统不仅仅是改变发光体，还将通信、传感、云计算、物联网等多种现代化技术融入其中，具有灯光亮度的强弱调节、灯光软启动、定时控制、场景设置等功能达到不仅仅是光的效果。

2. 系统的分类

智能家居室内照明采光系统：是指系统根据采集到的光照度来与阈值进行对比，进而自动对智能家居室内照明采光系统调节。

用户自主控制系统：是指用户可以通过手机自主对整个照明采光系统按照自己的意愿进行控制。

3. 系统的组成

照明采光系统通常由光照度传感器、灯和光照度控制器三部分构成。光照度控制器是照明采光系统的"大脑"部分,处理传感器的信号,并且通过键盘等设备来设置阈值或直接控制照明采光系统。光照度传感器在采集时可以显示当前光照度,同时还可以通过无线网将光照度传送到用户的手机中。照明系统监测到光照度低于阈值时可以自动对窗帘进行拉开控制,并打开室内的灯,来给予用户一个全自动光照的场景。同时采用不同的传感器件,构成不同种类、不同用途的解决方案,来对室内其他器件达到控制的目的。

> **试一试:**
> 试着自己设计一套照明采光系统。

二、智能家居照明采光系统的功能

1. 中央监控装置

如图6-1所示,智能家居室内照明采光系统设有中央监控装置,对整个系统实施中央监控,以便随时调节照明的现场效果,例如系统设置开灯方案模式,并在手机屏幕上仿真照明灯具的布置情况,显示各灯组的开灯模式和开/关状态。具有灯具启动和自动保护的功能,系统可以自动/手动对各组灯的开、关进行操作。系统设置与其他系统连接的接口,如建筑楼宇自控系统(BA系统),以提高综合管理水平。具有场景预设、亮度调节、定时、时序控制及软启动、软关断的功能。随着智能系统的进一步开发与完善,其功能将进一步得到增强。

图6-1 中央监控装置

2. 智能照明控制系统总的效应

实现照明的人性化，由于不同的区域对照明质量的要求不同，要求调整控制照度，以实现场景控制、定时控制、多点控制等各种控制方案，如图6-2所示。方案修改与变更的灵活性能进一步保证照明质量；提高管理水平，将传统的开关控制照明灯具的通断转变成智能化的管理，使高素质的管理意识用于系统，以确保照明的质量；智能传感器感应室外亮度来自动调节灯光，以保持室内恒定照度，既能使室内有最佳照明环境，又能达到节能的效果。根据各区域的工作运行情况进行照度设定，并按时进行自动开、关照明，使系统能最大限度地节约能源。众所周知，照明灯具的使用寿命取决于电网电压，由于电网过电压越高，灯具寿命将会成倍地降低，反之，灯具寿命将成倍地延长，因此防止过电压并适当降低工作电压是延长灯具寿命的有效途径。系统设置抑制电网冲击电压和浪涌电压装置，并人为地限制电压以提高灯具寿命。采取软启动和软关断技术，避免灯具灯丝的热冲击，以进一步使灯具寿命延长。

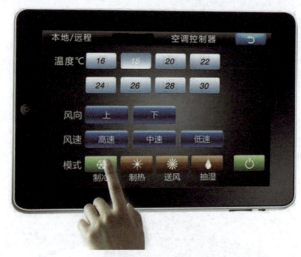

图6-2　手动控制

3. 无线控制智能家居照明系统

随着科技的发展，越来越多的自动化、智能化的产品进入到人们的生活，智能家居正逐渐取代传统家居，成为一种行业发展潮流。智能家居照明系统作为智能家居系统的一个重要子系统，具有高效节能、管理简单、控制多样、成本较低和容易进入市场的优势。

智能家居照明系统隶属于智能家居中的一个子系统，可以单独使用。智能家居照明系统能控制不同生活区域不同场合的各种照明效果，轻松解决家居节能问题、提高生活品质。生活中常常遇到这样的问题，当在客厅中看电视或读书时并不需要太强烈的照明光线，不得不关掉客厅大灯，开启光线相对较暗用于满足看电视或读书需要的其他灯具。为了满足不同场合的照明要求，需要安装多种灯具，这给灯具控制带来极大的不方便，智能照明系统能轻松解决这个问题，只要按下手中的遥控器就能换转场景灯光照明。

无线方式解决了布线的难题，同时也能满足视频和音频信号的传输，如图6-3所示。

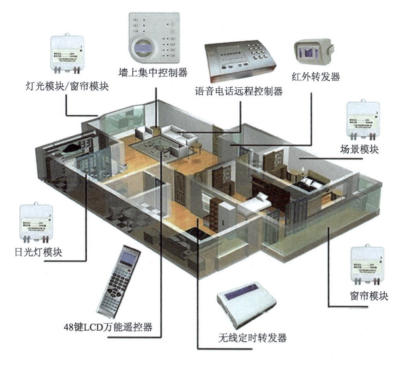

图6-3 无线控制

> **说一说：**
> 谈谈你见过的照明采光系统。

三、智能家居照明采光系统相关技术

1. 数字式准静态被动人体探测技术

随着智能照明控制系统的广泛应用,越来越多的场所实现了智能控制照明系统,但是此种技术无法对静止状态的人体进行监测,也就是说当人在智能照明环境下,如果人体处于静止不动状态时,该系统就会因为监测不到人体,而发出关闭照明系统的指令,结果会给使用者造成很大的影响,而且此项技术还会因为人体温度与环境温度接近时,其探测灵敏度就会降低,这样的结果会出现系统发出频繁关闭与开启LED灯光的指令,因为灯具的频繁操作而影响到其使用寿命,因此需要采取新的技术改进这一缺陷。数字式准静态被动人体监测技术则有效解决了该问题,这是因为人体即使在静止状态下,其身体也会有动作,而该技术就是从这些动作着手的。

数字式准静态被动人体监测器就是基于智能技术的一种模拟处理信号的设备,其主要包括模拟和数字信号两部分,模拟处理就是将PIR信号扩大到合适的电平,并滤除噪声。而信号处理器则是对信号进行数学运算,其主要使用单片机进行格式的转换。比如在工厂的车间入口的照明自动系统,尤其该区域处于风口位置,因此信号探测系统常常将刮风的信号误作为人体信号进行操作,结果导致LED灯管的频繁操作,因此需要进行探测信号的识别转换。转换的具体规律:首先是因为刮风噪声的规律与人体动作的规律非常相似,因此需要采取FFT将两者进行区别,然后再根据两者之间的差异性,将动作信号与外界噪声进行区别,以此得到人体识别信号。

这样经过设置的延时，就能准确地获得人体探测信号。

2. 照度优先控制技术

照明控制系统的最大优点就在于对照明系统进行自动控制，目前智能自动控制主要是采取红外灯控开关，就如同在楼道内安装的声控开关，虽然此种开关实现了资源的节能，但是由于开关安装的位置距离灯控的位置比较近，但是却存在灯具开启光反馈影响因素，也就是当智能控制系统探测到有人存在时，其会根据探测的照度值大小决定是否开启 LED 灯具，而一旦开启灯具之后，只要在信号感应区感应到有人存在，灯具就一直处于开启状态，直到有人离开探测区。使用该技术要求其线性度和稳定性要有极高的环境，因此其在企业中具有广泛的应用价值，但是很多企业在使用该技术时所采取的照明灯具为光敏电阻光电二极管，使得技术得不到有效的发挥，为此可以选择线性光电传感器作为集成光电转换原件，满足照度优先控制的要求。

3. 数字式节能控制器的实际应用

基于实践，研发具有照度优先和准静态监测功能的数字式节能控制器是智能照明控制系统的发展趋势，通过研发该控制器可以实现照度、温度以及可感应的可调节性，并且根据实际要求对环境进行设置。通过对应用具有照度优先和准静态监测功能的数字式节能控制器用户的调查发现，使用该控制器之后得到节能效果，平均节电率在 40% 左右。

> **说一说：**
> 说说你对这些技术的理解。

四、智能家居照明采光系统使用范围

传统的家居照明尽管非常实用，但一键一电灯的照明方式过于机械陈旧，人们每次进出房间必须按键才能开关，但常常因为忘记关灯浪费电费，让人懊恼不已。尤其是早晨上班匆匆忙忙出门最容易忘记关灯，而且需要调节光线时，还要亲手躬身慢慢调试，非常费事。此外，由于没有遥控功能，房间越大，使用传统照明越不方便，这与住宅大型化的趋势背道而驰。

相比之下，智能家居的照明控制系统优势明显，可达到安全、节能、舒适、高效的目的。所谓智能照明，就是根据某一区域的功能、每天不同的时间、室外光亮度或该区域的用途来控制照明，是整个智能家居的基础部分。

智能照明系统最为人称道的是，它可进行预设，即具有将照明亮度转变为一系列设置的功能。这些设置也称为场景，可由调光器系统或中央建筑控制系统自动调用。在家庭内使用时，可以采用集成中央控制器的形式，并可能带有一个触屏界面。例如，"离家"模式，主人拨动手机，家中的电灯全部关闭，而在饭后的"影院"模式中，吊灯关闭，壁灯开启，电视播放。此外照明系统还有停电自锁的功能，即当家中停电时，来电以后所有的灯将保持熄灭状态。

智能家居照明系统其实就是让家居照明科学合理化，该系统配上物联网无线智能插座，能够实时监控家里的用电量，做到心中有数，从而实现计划用电，节约用电，如图 6-4 所示。据测算，普通家庭使用智能家居照明系统每个月节省电费可达 20%～30%，非常划算。

图6-4 室内入睡

> **做一做：**
> 上网查询主流大厂家的智能家居照明采光系统，并简述之。

五、智能家居照明采光系统的控制

① 灯光调节：用于灯光照明控制时能对电灯进行单个独立的开、关、调光等功能控制，也能对多个电灯的组合进行分组控制，方便用不同灯光编排组合形式营造出特定的气氛。

② 智能调光：随意进行个性化的灯光设置；电灯开启时光线由暗逐渐到亮，关闭时由亮逐渐到暗，直至关闭，有利于保护眼睛，又可以避免瞬间电流的偏高对灯具所造成的冲击，能有效的延长灯具的使用寿命。

③ 延时控制：在主人外出时，只需要按一下"延时"键，在出门后 30 s，所有的灯具和电器都会自动关闭。

④ 控制自如：可以随意遥控开关屋内任何一路灯；可以分区域全开全关与管理每路灯；可手动或遥控实现灯光的随意调光，还可以实现灯光的远程电话控制开关功能。

⑤ 全开全关：整个照明系统的灯可以实现一键全开和一键全关的功能。

⑥ 场景设置：回家时，在家门口用遥控器直接按"回家"场景。

项目实施

任务一 学习"上海企想"智能家居体验间照明采光系统结构

采光照明是家庭必需的一部分，照明采用的材料越来越环保，越来越节能。古代人类照明采用的就是火，在漆黑的夜里点上火把走夜路，在屋里点上一盏油灯，在这微弱的光源下，伴随了我们的祖先十几个世纪。到了汉代有了蜡烛，使燃料便于携带和储存，但仍然是采用明火来采光。

灯是人类征服黑夜的一大见证。美国一位发明家通过长期的反复试验，点燃了世界上第一盏有实用价值的电灯。从此，这位发明家的名字，就像他改造的电灯一样，走入了千家万户。他就是被后人赞誉为"发明大王"的爱迪生，他为人类带来了持久的光明，如图6-5所示。

现在人们生活中的电灯可以说是多种多样，广泛应用于社会的各个方面。按安装地点分两大类：户外灯和室内灯。户外的按用途又分为景观灯、庭院灯、路灯、轮廓灯、草坪灯、埋地灯、泛光灯、投光灯、阶梯灯、照树灯、水底灯等；室内的一般有吊灯、壁灯、支架灯、吸顶灯、台灯等（见图6-6）。按光源分有节能灯、荧光灯、LED灯、卤化物灯、钠灯、汞灯、冷阴极管等。

图6-5　爱迪生和他发明的电灯泡

足球场灯光

路灯照明

汽车灯光

家庭灯光

图6-6　灯光照明系统

现代的灯光照明设备照亮了人们的生活，但大部分的灯光控制开关仍然是机械式的闭合，每次必须找到开关才能打开或者关闭灯，这样很不方便。而且如果有人忘记了关灯，就会造成资源的浪费。针对于家庭里面，卧室、客厅、楼梯书房、庭院都有很多的电灯，每次回家或者出门都要开关，非常麻烦，现在智能家居照明采光系统就可以帮你一键解决，如图6-7所示。

项目六　智能家居照明采光系统

图6-7　智能家居照明采光系统

下面以上海企想智能家居照明采光系统为例，了解照明采光在系统中的使用过程，如图6-8所示。

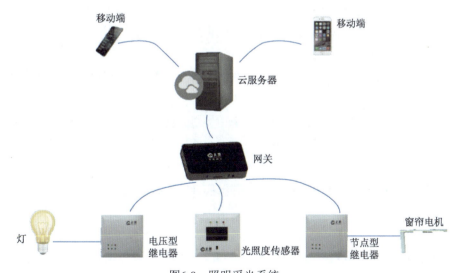

图6-8　照明采光系统

在智能家居照明采光系统中用电压型的继电器连接家中的各个灯，再把电压型继电器连到智能网关中，手机终端发送指令给服务器，服务器再把命令转发给智能网关就可以控制家里的灯，结合时间和光照度还可以控制窗帘的打开和关闭。

控制流程：客户通过操作客户端来发出控制命令，服务器接收到控制命令后会将其转发给智能网关，在智能网关中会对控制命令进行识别，若匹配，则会下发至网关中的协调器，再由协调器下发给执行器结点，最后执行器执行相应的动作，如图 6-9 所示。

图6-9　控制通信过程，从左至右

监测流程：当传感器收到监测数据后，传感器会将数据通过 ZigBee 的传输方式传输到智能网关中的协调器，然后再由智能网关打包数据，转发给服务器。服务器收到数据后进行解析与计算，将最终的数据给到手机客户端，呈现在客户面前，如图 6-10 所示。

图6-10　监测通信过程，从左至右

实际使用中用户可以远程监控家中的灯光开启情况，也可以配合其他的情景模式来开启或者关闭灯光。例如在书房安装人体红外传感器联动，当监测到书房有人时自动打开书房的灯光，当室内没人时，灯光延迟五分钟关闭，这样就不用人为来控制了，一切交给了智能网关。也可以和光照度传感器联动，当光照值低于预设的值时，说明室内光线很暗，可以开启灯光来提高光照度，当光照值高于预设值时关闭灯光。随着科技技术的发展，以及越来越多的传感器的加入，相信未来的智能家居会越来越完善，成为我们家庭的好管家。

任务二　掌握光照度传感器的相关原理及安装过程

（一）光照度传感器背景介绍

随着社会的高速发展，城市建设的加快，城市里的光污染越来越严重。但是光照度传感器的诞生解决了这一问题。

光照度传感器是一种常用的监测装置，在多个行业中都有一定的应用。光照度传感器采用对弱光也有很高灵敏度的硅蓝光伏的探头作为传感器，硅蓝光伏传感器具有测量范围宽、便于使用、线性度好、安装方便、防水性能好、结构美观、传输距离远等优质特点，适用于各种需要光感测量的环境，尤其适用于农业大棚、城市照明等场所。根据不同的测量环境，配置不同的量程范围，如图 6-11 所示。

那么光照度是什么？光照度即每平方米的流明（lm）数，也叫勒克斯（Lux），是照度的国际单位，又称米烛光。

虽然现代的城市中出现了光污染的现象，但是光的利用给人们带来了更多的价值。有时为了充分利用光源，常在光源附近加一个反射的装置，使得某些方向能够得到比较多的光通量，以增加这一方向被照面上的照度，如手电筒、汽车前灯、摄影照明灯等都装有反光镜。

（二）光照度传感器原理

在很多地方人们都会看到光控开关这种设备，大街上的路灯、各个自动化气象站以及楼道（见图 6-12 所示），不过很多朋友当看到这种上面有个小球的盒子时，虽然明白这是光照度传感器，但对于它还是不太了解。

图6-11 农业大棚

图6-12 光照度传感器1

从工作原理上讲，光照度传感器采用热点效应原理，这种传感器最主要是使用了对弱光性有较高反应的探测部件，这些感应原件其实就像照相机的感光矩阵一样，内部有绕线电镀式多接点热电堆，其表面涂有高吸收率的黑色涂层，热接点在感应面上，而冷结点则位于机体内，冷热接点产生温差电势。在线性范围内，输出信号与太阳辐照度成正比。透过滤光片的可见光照射到进口光敏二极管，光敏二极管根据可见光照度大小转换成电信号，然后电信号会进入传感器的处理器系统，从而输出需要得到的二进制信号。

光照度传感器还有很多种，有的对上面介绍的结构进行了优化，尤其是为了减小温度的影响，光照度传感器还应用了温度补偿线路，这很大程度上提高了光照度传感器的灵敏度和探测能力，如图 6-13 所示。

图6-13 光照度传感器2

这种传感器专为广泛波长的光源使用，它结合了两个光电二极管和一个扩模拟-数字转换器（ADC），在一个单一的CMOS集成电路，以提供光测量过的有效的12位的动态范围。一个光电二极管是对可见光和红外光敏感，而另一个光电二极管，主要是对红外光敏感。一个集成的ADC转换的光电二极管电流由通道0和通道1数字输出。信道1的数字输出用于补偿环境光线的通道0上的数字输出的红外成分的效果。两个通道的ADC数字输出用于获得一个值。

（三）光照度传感器分类

光照度传感器的种类有光电式光照度传感器和光敏电阻光照度传感器。

（1）光电式光照度传感器

光电式光照度传感器是将被测量的变化转换成光信号的变化，然后借助光电元件进一步将光信号转化成电信号，如图6-14所示。它一般由光源、光学通路和光元件三部分组成。具有非接触、高精度、高分辨率、高可靠性、反应快等特点，使其在市场上得到了广泛的认可。

（2）光敏电阻光照度传感器

光敏电阻又称光导管，是一种均质半导体光电器件。无光照射时，光敏电阻呈现高阻状态，称暗阻，一般在兆欧级。有光照射时，光敏电阻呈现低阻状态，称亮阻，一般在几千欧以下。光敏电阻光照度传感器的优点在于其灵敏度高、体积小、性能稳定、价格便宜，在市场上也得到了极大的认可。

图6-14 光照度传感器3

> **做一做：**
> 查阅资料，查看市面上主流的光照度传感器都是什么样的？

视频

照度监测器

（四）光照度传感器安装

下面开始光照度传感器的安装。首先介绍要用到的设备：光照度传感器、5 V接线柱和12 V接线柱，如图6-15所示。

项目六 智能家居照明采光系统

(a) 光照度传感器　　　　　　　　　　(b) 5 V和12 V接线柱

图6-15　光照度传感器

光照度传感器安装的接线图如图 6-16 所示。

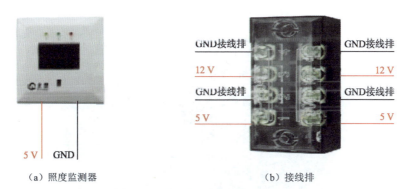

(a) 照度监测器　　　　　　　　　　(b) 接线排

图6-16　接线图

下面按照接线图开始安装设备。

步骤 1　把光照度传感器的底座安装到合适的位置，如图 6-17 所示。

图6-17　底座安装

步骤 2　在光照度传感器的后面接上电源线，如图 6-18 和图 6-19 所示。

135

 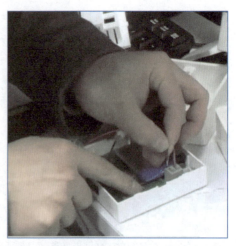

图6-18 连接上锂电池电源线　　　　图6-19 连接上外接5 V电源

步骤3　把传感器安装到底座上，如图6-20所示。

图6-20 传感器安装

步骤4　把电源线安装的5 V接线柱上，如图6-21所示。

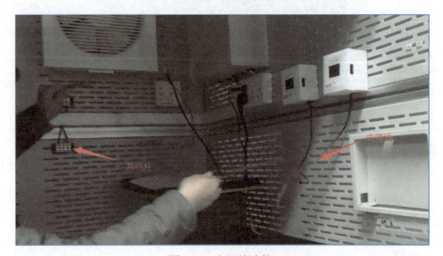

图6-21 电源线连接

项目六　智能家居照明采光系统

（五）光照度传感器配置与维护

打开智能家居应用配置软件，用串口线连接好设备，按照如图所示配置光照度传感器。然后重启即可完成配置，如图6-22所示。

图6-22　光照度传感器配置

在以后的使用过程当中软件出现问题重新配置即可。

> **练一练：**
> 动手安装光照度传感器，完成配置和接线操作。

任务三　掌握继电器传感器的相关原理及安装过程

（一）继电器传感器背景介绍

继电器是一种电控制器件，是当输入量的变化达到规定要求时，在电器输出电路中使被控量发生预定的阶跃变化的一种电器。它具有控制系统和被控制系统之间的互动关系。通常应用于自动化的控制电路中，它实际上是用小电流去控制大电流运作的一种"自动开关"。

视频●
电压型继电器

继电器是具有隔离功能的自动开关元件，广泛应用于遥控、遥测、通信、自动控制、机电一体化及电力电子设备中，是最重要的控制元件之一。

继电器一般都有能反映一定输入变量（如电流、电压、功率、阻抗、频率、温度、压力、速度、光等）的感应机构（输入部分）；有能对被控电路实现"通""断"控制的执行机构（输出部分）；在继电器的输入部分和输出部分之间，还有对输入量进行耦合隔离、功能处理和对输出部分进行驱动的中间机构。

作为控制元件，概括起来，继电器有如下几种作用：

① 扩大控制范围：例如，多触点继电器控制信号达到某一定值时，可以按触点组的不同形式，

137

同时换接、开断、接通多路电路。

② 放大：例如，灵敏型继电器、中间继电器等，用一个很微小的控制量，可以控制很大功率的电路。

③ 综合信号：例如，当多个控制信号按规定的形式输入多绕组继电器时，经过比较综合，达到预定的控制效果。

④ 自动、遥控、监测：例如，自动装置上的继电器与其他电器一起，可以组成程序控制线路，从而实现自动化运行。

（二）继电器传感器原理

（1）电磁继电器的工作原理和特性

电磁式继电器一般由铁芯、线圈、衔铁、触点簧片等组成的。只要在线圈两端加上一定的电压，线圈中就会流过一定的电流，从而产生电磁效应，衔铁就会在电磁力吸引的作用下克服返回弹簧的拉力吸向铁芯，从而带动衔铁的动触点与静触点（常开触点）吸合。当线圈断电后，电磁的吸力也随之消失，衔铁就会在弹簧的反作用力下返回原来的位置，使动触点与原来的静触点（常闭触点）吸合。这样吸合、释放，从而达到了在电路中的导通、切断的目的。对于继电器的"常开、常闭"触点，可以这样来区分：继电器线圈未通电时处于断开状态的静触点，称为"常开触点"；处于接通状态的静触点称为"常闭触点"。

（2）固态继电器的原理及结构

如图 6-23 所示，固态继电器按使用场合可分成交流型和直流型两大类，它们分别在交流或直流电源上做负载的开关，不能混用。下面以交流型的固态继电器为例来说明它的工作原理，从整体上看，固态继电器只有两个输入端及两个输出端，是一种四端器件。

图6-23　固态继电器

工作时只要在输入端上加上一定的控制信号，就可以控制输出端之间的"通"和"断"，实现"开关"的功能，其中耦合电路的功能是为输入端输入的控制信号提供一个输入/输出端之间的通道，但又在电器上断开固态继电器中输入端和输出端之间的（电）联系，以防止输出端对输入端的影响，耦合电路用的元件是"光耦合器"，它动作灵敏、响应速度高、输入/输出端间的绝缘（耐压）等级高。由于输入端的负载是发光二极管，这使固态继电器的输入端很容易做到与输入信号电平相匹配，在使用可直接与计算机输出接口相接，即受"1"与"0"的逻辑电平控制。触发电路的功能是产生合乎要求的触发信号，驱动开关电路工作，但由于开关电路在不加特殊控制电路时，将产生射频干扰并以高次谐波或尖峰等污染电网，为此特设"过零控制电路"。所谓"过零"是指，当加入控制信号，交流电压过零时，固态继电器即为通态；而当断开控制信号后，固态继电器要等待交流电的正半周与负半周的交界点（零电位）时，固态继电器才为断态。这种设计能防止高次谐波的干扰和对电网的污染。

（三）继电器传感器分类

（1）按继电器防护特征分类

① 直流电磁继电器：是一种控制电流为直流的电磁继电器，它按触点负载大小分为微功率、弱功率、中功率和大功率四种。

② 交流电磁继电器：控制电流为交流的电磁继电器，其按线圈电源频率高低分为 50 Hz 和 400 Hz 两种。

③ 磁保持继电器：利用永久磁铁或具有很高剩磁特性的零件，使电磁继电器的衔铁在其线圈断电后仍能保持在线圈通电时的位置上的继电器。

④ 固态继电器：是一种能够像电磁继电器那样执行开、闭线路的功能，且其输入和输出的绝缘程度与电磁继电器相当的全固态器件。

⑤ 混合式继电器：由电子元件和电磁继电器组合而成的继电器。一般，其输入部分由电子线路组成，起放大整流等作用，输出部分则采用电磁继电器。

⑥ 高频继电器：用于切换频率大于 10 kHz 的交流线路的继电器。

⑦ 同轴继电器：配用同轴电缆，用来切换高频、射频线路而具有最小损耗的继电器。

⑧ 真空继电器：触点部分被密封在高真空的容器中，用来快速开、闭或转换高压、高频、射频线路用的继电器。

⑨ 热继电器：利用热效应而动作的继电器。

⑩ 电热式继电器。利用控制电路内的电能转变成热能，当达到规定要求时而动作的继电器。

⑪ 光电继电器：利用光电效应而动作的继电器。

⑫ 极化继电器：由极化磁场与控制电流通过控制线圈，所产生的磁场综合作用而动作的继电器。继电器的动作方向取决于控制线圈中的电流方向。

⑬ 时间继电器：当加上或除去输入信号时，输出部分需延时或限时到规定的时间才闭合或断开其被控线路的继电器。

⑭ 舌簧继电器：利用密封在管内，具有触点簧片和衔铁磁路双重作用的舌簧的动作来开、闭或转换线路的继电器。

（2）按继电器接触点分类

① 微功率继电器：当触点开路电压为直流 27 V 时，触点额定负载电流（阻性）为 0.1 A、0.2 A 的继电器。

② 弱功率继电器：当触点开路电压为直流 27 V 时，触点额定负载电流（阻性）为 0.5 A、1 A 的继电器。

③ 中功率继电器：当触点开路电压为直流 27 V 时，触点额定负载电流（阻性）为 2 A、5 A 的继电器。

④ 大功率继电器：当触点开路电压为直流 27 V 时，触点额定负载电流（阻性）为 10 A、15 A、20 A、25 A、40 A……的继电器。

（四）继电器传感器安装

在继电器传感器的安装过程中所需用到的设备器件是结点型继电器、电压型继电器、5 V 接线柱和 12 V 接线柱，如图 6-24 所示。

（a）结点型继电器

（b）电压型继电器

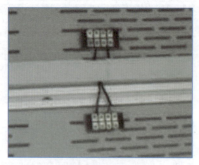

（c）5 V 和 12 V 接线柱

图 6-24　继电器

射灯和窗帘安装的接线图如图 6-25 和图 6-26 所示。

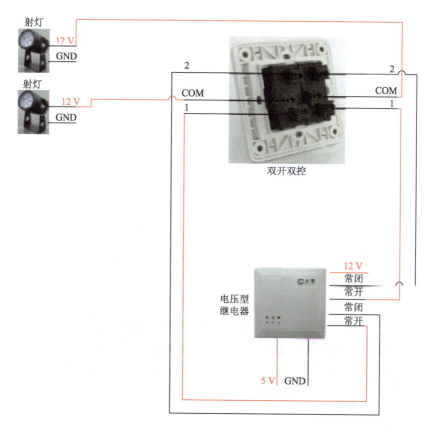

图6-25 射灯接线图

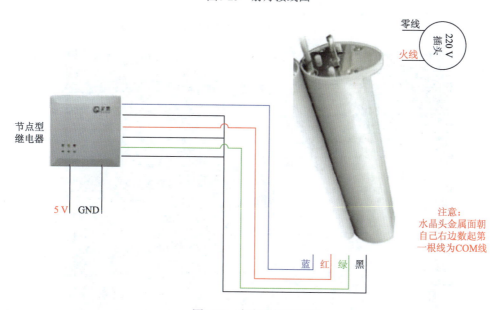

图6-26 窗帘电机接线图

下面按照接线图开始安装射灯设备。

步骤1 把电压型的继电器底座和手动开关的底座安装在合适的位置，如图6-27所示。

图6-27 底座安装

步骤2 按照接线图接电压型继电器、手动开关和射灯的线路，如图6-28和图6-29所示。

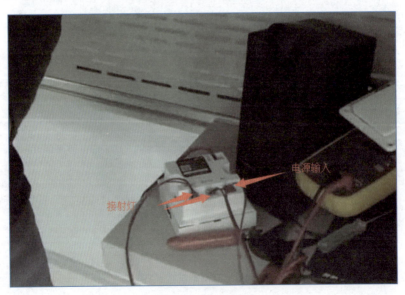

图6-28 线路连接

项目六　智能家居照明采光系统

图6-29　线路连接

步骤3　连接电源线，如图 6-30 所示。

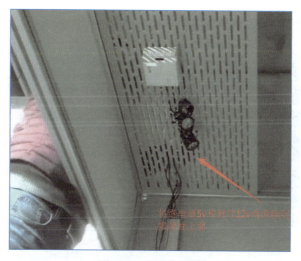

图6-30　电源线连接

步骤4　将窗帘电机和继电器安装的合适的位置，如图 6-31 所示。

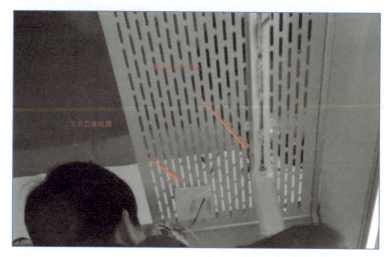

图6-31　窗帘电机、继电器安装

步骤5 按照接线图连接好结点型的继电器，如图6-32所示。

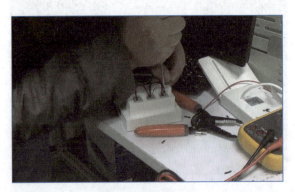

图6-32 继电器连接

步骤6 安装上设备并连接上电源和信号线，如图6-33所示。

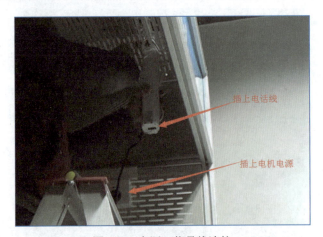

图6-33 电源、信号线连接

（五）继电器传感器配置与维护

打开智能家居应用配置软件，用串口线连接好设备，按照如图6-34所示配置继电器，然后重启即可完成配置。

图6-34 继电器配置

练一练：

动手安装继电器模块，完成配置与接线操作。

项目实训

实验开始前先安装手机客户端软件，客户端软件需要和主机配合使用，所有操作都需要登录到服务器才能实现，App 可以在软件资料文件夹中获得。找到照明采光系统软件并安装，安装完成之后连接上智能家居样板间服务器发射出来的 Wi-Fi 网络，连接成功就可以进行实验了。

手机打开照明采光系统 App，如图 6-35 所示。

客户端软件登录界面如图 6-36 所示，图中方框标记的位置填写的是当前使用的服务器 IP 地址。

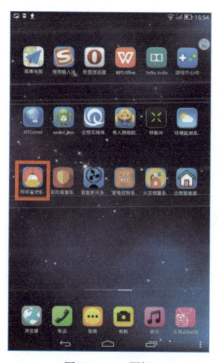

图6-35　App图标

图6-36　软件登录界面

这里需要说明一点，在实际生活当中，光照度感应装置是安装在室外进行采光的，也就是说当光照较强时，室外是白天；当光照很弱时，室外是晚上。

用户可以根据当天的天气状况在客户端软件设置光照度阈值，如图 6-37 所示，当光照强度超过设置的阈值时，室外是白天，室内的射灯关闭并且收起窗帘；当光照强度低于设置的阈值时，室外是晚上，室内的射灯打开并且拉上窗帘，如图 6-38 所示。

图6-37　关灯模式　　　　　　　　图6-38　开灯模式

要注意的是，射灯单控和窗帘单控都是在系统出现卡顿等一些特殊情况下使用的。

练习

1. 以下哪些是智能家居照明采光系统的控制？
    A．全开全关　　　　　　　　B．场景设置
    C．延时控制　　　　　　　　D．以上都是
2. 光照度传感器可分为？
    A．光电式光照度传感器和光敏电流照度传感器
    B．光敏电阻光照传感器和离子式传感器
    C．光电式光照度传感器和光敏电阻光照度传感器
    D．以上都不是
3. 照明采光系统有哪些部分组成？
4. 智能家居照明采光系统的控制方式有哪些？
5. 光照传感器的分类有哪些？
6. 按继电器的防护特征分类有哪些？

项目七
智能家居新风系统

视频

新风系统

项目描述

本项目将详细介绍智能家居控制系统中的重要子系统——新风系统，包括智能家居新风系统的功能、优点、相关技术和应用范围等相关知识。此外还介绍了智能家居新风系统所需用到的单品，包括二氧化碳传感器和继电器传感器。在本项目的最后设有项目实训部分，让学生能够通过项目实训进一步巩固相关知识并且检验新风系统的安装与配置是否成功。

相关知识

一、智能家居新风系统介绍

1. 智能家居新风系统

新风系统是由送风系统和排风系统组成的一套独立空气处理系统，它分为管道式新风系统和无管道新风系统两种，如图 7-1 所示。管道式新风系统由新风机和管道配件组成，通过新风机净化室外空气导入室内，通过管道将室内空气排出；无管道新风系统由新风机和呼吸宝组成，同样由新风机净化室外空气导入室内，同时由呼吸宝将室内污浊空气排出。相对来说，管道式新风系统由于工程量大更适合工业或者大面积办公区使用，而无管道新风系统因为安装方便，更适合家庭使用。

图7-1 新风系统

2. 智能家居新风系统的背景

伴随外界空气环境的变化及健康理念的提升,自然新鲜的空气是人们高品质健康生活的必要条件,所以,要提高室内空气质量,最有效的办法就是将室外新鲜的空气直接引入室内。智能家居新风系统将进入更多寻常百姓家,成为家庭当中不可或缺的产品。

如图7-2所示,智能家居新风系统是根据在密闭的室内一侧用专用设备向室内送新风,再从另一侧由专用设备向室外排出,在室内会形成"新风流动场"的原理,从而满足室内新风换气的需要。

图7-2 智能家居新风系统

3. 智能家居新风系统的基本类型

(1) 单向流新风系统

单向流新风系统是基于机械式通风系统三大原则的中央机械式排风与自然进风结合而形成的多元化通风系统,由风机、进风口、排风口及各种管道和接头组成的(见图7-3)。安装在吊顶内的风机通过管道与一系列的排风口相连,风机启动,室内混浊的空气经安装在室内的吸风口通过风机排出室外,在室内形成几个有效的负压区,室内空气持续不断的向负压区流动并排出室外,室外新鲜空气由安装在窗框上方(窗框与墙体之间)的进风口不断的向室内补充,从而使人一直呼吸到高品质的新鲜空气。该新风系统的送风系统无须送风管道的连接,并且排风管道一般安装于过道、卫生间等通常有吊顶的地方,基本上不额外占用空间。

图7-3 单向流新风系统

(2)双向流新风系统

如图7-4所示,双向流新风系统是基于机械式通风系统三大原则的中央机械式送、排风系统,并且是对单向流新风系统有效的补充。在双向流新风系统的设计中排风主机与室内排风口的位置与单向流分布基本一致,不同的是双向流新风系统中的新风是由新风主机送入。新风主机通过管道与室内的空气分布器相连接,新风主机不断的把室外新风通过管道送入室内,以满足人们日常生活所需新鲜、有质量的空气。排风口与新风口都带有风量调节阀,通过主机的动力排与送来实现室内通风换气。

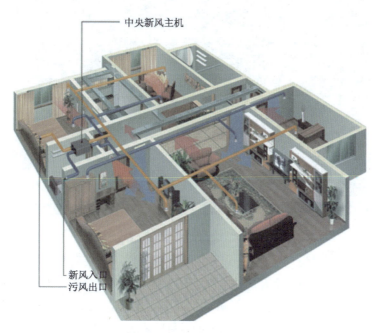

图7-4 双向流新风系统

（3）全热交换新风系统

如图7-5所示，全热交换新风系统是基于双向流新风系统的基础上改进的一种具有热回收功能的送排风系统。它的工作原理和双向流相同，不同的是送风和排风由一台主机完成，而且主机内部加了一个热交换模块，可快速吸热和放热，保证了与空气之间充分的热交换。排出室外的空气和送进室内的新风在这个全热交换装置中进行换热，从而达到了回收冷量、热量的目的，节约了空调能源，在改善室内空气品质的基础上，尽量减少对室内温度的影响。

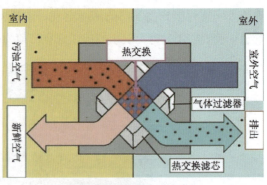

图7-5　全热交换新风系统

（4）地送风系统

由于二氧化碳比空气重，因此越接近地面含氧量越低，从节能方面来考虑，将新风系统安装在地面会得到更好的通风效果。从地板或墙底部送风口或上送风口所送冷风在地板表面上扩散开来，形成有组织的气流组织；并且在热源周围形成浮力尾流带走热量。由于风速较低，气流组织紊动平缓，没有大的涡流，因而室内工作区空气温度在水平方向上比较一致，而在垂直方向上分层，层高越大，这种现象越明显。由热源产生向上的尾流不仅可以带走热负荷，也将污浊的空气从工作区带到室内上方，由设在顶部的排风口排出。底部风口送出的新风，余热及污染物在浮力及气流组织的驱动力作用下向上运动，所以地送风新风系统能在室内工作区提供良好的空气品质，如图7-6所示。

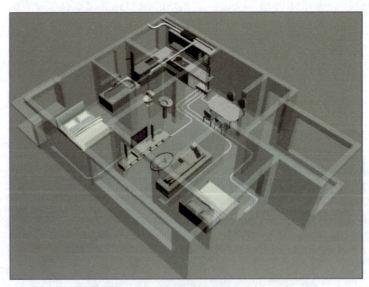

图7-6　地送风系统

地送风虽然有一定的优点，但也有其一定的适用条件。一般适用于污染源与发热源相关的场所，且层高不低于2.5 m，此时污浊空气才易于被浮力尾流带走；对房间的设计冷负荷也有一个上限，目前的研究表明，如果有足够的空间来放置大型送风散流装置，房间冷负荷可达120 W/m^2，房间冷负荷过大，置换通风的动力能耗将显著加大，经济性下降；另外地送风装置占地、占空间的矛盾也更为突出。

由此可见，根据新风系统安装环境的不同，选用的新风系统也会有些差异，只有选择适合的新风系统，才能达到最好的交换空气效果，如图7-7所示。

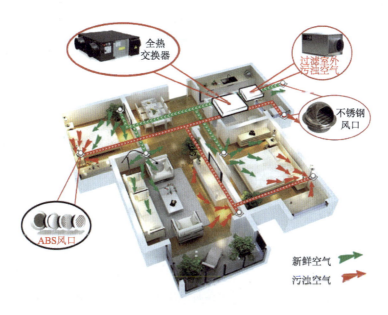

图7-7　新风系统

二、智能家居新风系统的功能

① 提供新鲜空气。一年365天，每天24 h源源不断为室内提供新鲜空气，不用开窗也能享受大自然的新鲜空气，满足人体的健康需求。

② 驱除有害气体。有效驱除油烟异味、CO_2、香烟味、细菌、病毒等各种不健康或有害气体，可避免家里小孩、爱人和老人深受二手烟危害。

③ 防霉除异味。将室内潮湿污浊空气排出，根除异味，防止发霉和滋生细菌，有利于延长建筑及家具的使用寿命。

④ 减少噪声污染。无须忍受开窗带来的纷扰，使室内更安静、更舒适。

⑤ 防尘。避免开窗带来大量的灰尘，有效过滤室外空气，保证进入室内的空气洁净。

⑥ 降低能耗。一年四季持续运转，用电量可能不及一台冰箱，并且能够回收排出室外空气中的能量，最大限度地减少了夏季或冬季室内的冷源和热源的损失，减少了空调的能耗。

⑦ 安全方便。避免开窗引起的财产和人身安全隐患。即使家里没人，也能自动新风换气。

做一做：
　　查看现在主流厂家的新风系统是什么样的？

三、智能家居新风系统相关技术

1. CO_2 传感器

室内二氧化碳气体的浓度和通风率之间有着密切的关系。无论是在空间内，人多或是人少的情况下，此系统能有效地节约宝贵的能源和保持室内良好的空气品质。一般情况下，安装 CO_2 传感器的通风控制系统将改善室内的空气质量，如图7-8所示。

CO_2 传感器采用采用了单束双波长非发散性红外线测量方法，其独特之处在于它的滤光镜——一种袖珍电子调谐干扰仪。这种滤光镜保证了它所透过的光波波长的精确性和稳定性，

图7-8　CO_2传感器

避免了由于滤光镜传感器不匹配而发生的问题及传统的旋转式滤光镜所产生的磨损。

各种气体都会吸收光，而且不同的气体吸收不同波长的光，比如 CO_2 就对红外线（波长为 4.26 m）最敏感。二氧化碳分析仪通常是把被测气体吸入一个测量室，测量室的一端安装有光源，而另一端装有滤光镜和传感器。滤光镜的作用是只容许某一特定波长的光线通过。传感器则测量通过测量室的光通量。传感器所接收到的光通量取决于环境中被测气体的浓度。

2. PM2.5 传感器

PM2.5 传感器也叫粉尘传感器、灰尘传感器，可以用来监测周围空气中的粉尘浓度，即 PM2.5 值大小，如图 7-9 所示。空气动力学把直径小于 10 μm 能进入肺泡区的粉尘通常也称为呼吸性粉尘。直径在 10 μm 以上的尘粒大部分通过撞击沉积，在人体吸入时大部分沉积在鼻咽部，而 10 μm 以下的粉尘可进入呼吸道的深部。而在肺泡内沉积的粉尘大部分是 5 μm 以下的粉尘。

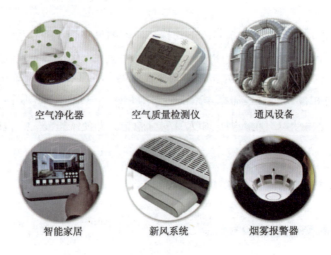

图7-9　PM2.5传感器

PM2.5 传感器的工作原理是根据光的散射原理来开发的，微粒和分子在光的照射下会产生光的散射现象，与此同时，还吸收部分照射光的能量。当一束平行单色光入射到被测颗粒场时，会受到颗粒周围散射和吸收的影响，光强将被衰减。如此一来便可求得入射光通过待测浓度场的相对衰减率。而相对衰减率的大小基本上能线性反应待测场灰尘的相对浓度。光强的大小和经光电转换的电信号强弱成正比，通过测得电信号就可以求得相对衰减率，进而可以测定待测场中灰尘的浓度。

3. 换气扇

换气扇是由电动机带动风叶旋转驱动气流，使室内外空气交换的一类空气调节电器，又称通风扇。换气的目的是要除去室内的污浊空气，调节温度、湿度和感觉效果。换气扇广泛应用于家庭及公共场所。

换气扇的换气方式有排出式、吸入式、并用式三种。排出式从自然进气口进入空气，通过换气扇排出污浊空气；吸入式通过换气扇吸入新鲜空气，从自然排气口排出污浊空气；并用式是吸气与排气均由换气扇来完成。换气的目的就是要除去室内的污浊空气，调节温度、湿度和感觉效果。换气扇广泛应用于家庭及公共场所，如图7-10所示。

图7-10 换气扇

四、智能家居新风系统的使用范围

（1）新装修房屋

智能家居新风系统可以将装修造成的各种有害气体和室内污浊空气排出室外，并将室外的新鲜空气经过高效净化后送入室内，24 h 不间断进行置换，时刻保持室内空气新鲜，让新装修的房间再无难闻气味，使人获得良好的精神状态，保证充足睡眠，增强机体免疫力。

（2）办公室人员

智能家居新风系统将新鲜空气不断补充，使办公室人员呼吸到充足的氧气，缓解疲劳，提高工作效率，因为新鲜空气的不间断置换，室内的各种烟味、咖啡味等不良空气能够快速排出室外，清新空间，让人们工作更加集中精力。

(3) 儿童

智能家居新风系统扫除室内各种空气污染,不间断补充室内新鲜空气,高含氧量的空气能够帮助儿童增加对各种微量元素的吸收,增强体质,同时还能帮助大脑细胞更快更好的发育。

(4) 孕妇群体

智能家居新风系统使室内空气时刻保持新鲜,增加携氧量,使胎儿更加健康茁壮的成长,避免因空气污染造成的婴幼儿白血病、胎儿畸形及死胎的发生,同时新鲜的空气还能愉悦孕妇的心情,有效防止产前抑郁症的发生。

(5) 老人

智能家居新风系统可以让不便于行动的老人在家中也能随时呼吸到身处大森林里的高含氧量新鲜空气,能使血液中的含氧量大大增加,降低心脑血管病的发生,使身体各器官获得充足营养而健康生活,让老人延年益寿,晚年更健康幸福。

五、智能家居新风系统的优点

① 不用开窗也能享受大自然的新鲜空气。
② 采用最优的室内通风原理——负压送风方式,避免"空调病"。
③ 室内空气不断流动,带走水汽,避免室内家具、衣物发霉。
④ 清除室内装饰后长期缓释的有害气体,利于人体健康。
⑤ 调节室内湿度,节省取暖费用。
⑥ 有效排除室内各种细菌、病毒、灰尘。
⑦ 代替排气道设计,降低开发商的建筑成本。

> **试一试:**
> 自行设计一套智能新风系统。

项目实施

任务一 学习"上海企想"智能家居体验间新风系统结构

智能家居系统就考虑到了这一方面,加入了新风系统,通过传感器实时监测家中的二氧化碳和PM2.5浓度,当数值超标时自动打开家中的排风扇,将室外新鲜的空气引到室内,保持家中的空气质量达标。

下面就以上海企想智能家居新风系统为例,了解一下空气调节在系统中的使用过程,如图7-11所示。

如图7-12所示,在智能家居新风系统中采用PM2.5传感器和二氧化碳传感器采集室内的空气环境参数,网关得到参数后与预设的值比较,当数据高于预设的值时控制电压型继电器打开排风扇进行换风。有了这套系统人们不仅能够实时监测环境信息,还可以做到自动换风,为人们的家居生活提供安全保障。

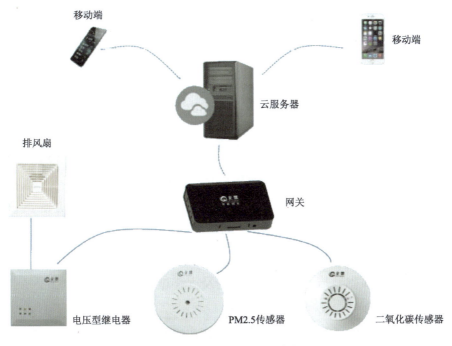

图7-11 智能家居新风系统

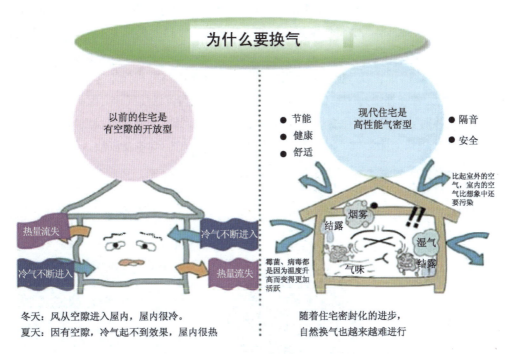

图7-12 换气

控制流程：客户通过操作客户端来发出控制命令，服务器接收到控制命令后会将其转发给智能网关，在智能网关中会对控制命令进行识别，若匹配，则会下发至网关中的协调器，再由协调器下发给执行器结点，最后执行器执行相应的动作，如图 7-13 所示。

图7-13 控制通信过程,从左至右

监测流程:当传感器收到监测数据后,传感器会将数据通过 ZigBee 的传输方式传输到智能网关中的协调器,然后再由智能网关打包数据,转发给服务器。服务器收数据后进行解析与计算,将最终的数据给到手机客户端,呈现在客户面前,如图 7-14 所示。

图7-14 监测通信过程,从左至右

新风系统能自动地帮助人们打开排风扇,改善家中的空气质量,大大方便了人们的生活。在未来其他环境监测传感器的加入和技术的更新后,智能家居就是人们强大的管家,它会安排好一切,给主人最舒适的生活家居环境。

任务二 掌握二氧化碳传感器的相关原理及安装过程

(1)二氧化碳传感器分类

市场上的二氧化碳有很多的种类,现在二氧化碳传感器大体上分为三种:

① 红外二氧化碳传感器:该传感器利用非色散红外(NDIR)原理对空气中存在的 CO_2 进行探测,具有很好的选择性,无氧气依赖性,广泛应用于存在可燃性、爆炸性气体的各种场合。

② 催化二氧化碳传感器:是将现场监测到的二氧化碳浓度转换成标准 4 ~ 20 mA 电流信号输出,广泛应用于石油、化工、冶金、炼化、燃气输配、生化医药及水处理等行业。

③ 热传导二氧化碳传感器:根据混合气体的总导热系数随待分析气体含量的不同而改变的原理制成,由监测元件和补偿元件配对组成电桥的两个臂,遇到可燃性气体时监测元件电阻变小,遇到非可燃性气体时监测元件电阻变大(空气环境),元件起到参比补偿及温度补偿作用,主要应用于民用、工业现场的天然气、液化气、煤气、烷类等可燃性气体及汽油、醇、酮、苯等有机溶剂蒸汽的浓度监测。

(2)二氧化碳传感器安装

在二氧化碳传感器的安装过程中所需用到的设备器件是二氧化碳传感器、5 V 接线柱和 12 V 接线柱,如图 7-15 所示。

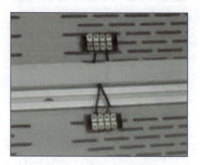

(a)二氧化碳传感器　　　　　　　(b)5 V和12 V接线柱

图7-15 二氧化碳传感器安装

下面开始安装二氧化碳传感器：

步骤 1　把二氧化碳传感器的底座安装在合适的位置，如图 7-16 所示。

步骤 2　连接到传感器上面的供电电源，如图 7-17 所示。

图7-16　底座安装

图7-17　电源安装

步骤 3　将电线接到 5 V 接线柱上，并把传感器安装到底座上，如图 7-18 所示。

图7-18　电线连接

（3）二氧化碳传感器配置与维护

打开智能家居应用配置软件，用串口线连接好设备，按照如图 7-19 所示，配置二氧化碳传感器。然后重启即可完成配置。

图7-19　二氧化碳传感器配置

在以后的使用过程当中软件出现问题重新配置即可。

> **练一练：**
> 动手安装 CO_2 传感器，完成配置和接线操作。

任务三　掌握PM2.5传感器的相关原理及安装过程

视频

人体红外探测器
PM2.5监测器

1. PM2.5 传感器背景介绍

PM2.5 传感器测量空气中的细颗粒，将测得的信息上传到与传感器相连的手机、计算机等设备上，让人们更加方便地了解当前空气的质量，可使人们提早准备，安全快乐出行，健康生活。

2. PM2.5 传感器分类

PM2.5 监测有三种原理，分别是称重法、β 射线法、光散射法。对于传感器来说，光散射法才是真正能应于测量 PM2.5 的方法（其他方法过于复杂），光散射法（MIE 米式）又有两种典型：红外光和激光。

（1）红外光

红外光又称红外线，是波长比可见光要长的电磁波（光），波长在 770 nm 至 1 mm 之间，此红外光为非可见光。

（2）激光

激光是基于红外光并采用了投射更加强的光束，并加上"风扇"设计独特的风道，从应用上弥补了红外原理的一些不足（需要气流，精度较低）。

这两种 PM2.5 传感器的优缺点如下：

① 红外光（主流的有日本神荣、夏普等）：

优点：价格便宜，寿命比较长。

缺点：精度和重复性低，只有直径大于 1 μm 以上的有响应。

② 激光（刚刚兴起的监测原理，没有主流的厂家）：

优点：精度高，重复性好，能监测到直径大于 0.3 μm 以上的粉尘粒子，价格不透明，代理或者厂家容易做出利润，利于后期的研发升级。

缺点：寿命相对来说短一些，价格高。

3. PM2.5 传感器的安装

在二氧化碳传感器的安装过程中所需用到的设备器件是 PM2.5 传感器、5 V 接线柱和 12 V 接线柱，如图 7-20 所示。

  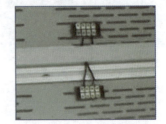

（a）PM2.5传感器　　　　　　　　　　　（b）5 V和12 V接线柱

图7-20　PM2.5传感器安装

下面开始安装二氧化碳传感器设备。

步骤1　把 PM2.5 传感器的底座安装在合适的位置，如图 7-21 所示。

步骤2　连接到传感器上面的供电电源，如图 7-22 所示。

步骤3　将电线接到 5 V 接线柱上，并把传感器安装到底座上，如图 7-23 所示。

图7-21　底座安装

图7-22　电源连接

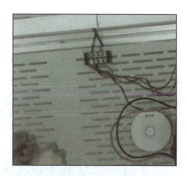

图7-23　电线连接

4. PM2.5 传感器配置与维护

打开智能家居应用配置软件，用串口线连接好设备，按照如图 7-24 所示配置 PM2.5 传感器，然后重启即可完成配置。

图7-24　PM2.5传感器配置

在以后的使用过程当中软件出现问题重新配置即可。

> **练一练：**
> 动手安装 PM2.5 传感器，完成配置和接线操作。

 项目实训

实验开始前先安装手机客户端软件，客户端软件需要和主机配合使用，所有操作都需要登录到服务器才能实现，App 可以在软件资料文件夹中获得。找到智能新风系统软件并安装，安装完成之后连接上智能家居样板间路由器的 Wi-Fi 信号，连接成功即可进行实验。

手机打开智能新风系统 App，如图 7-25 所示。

客户端软件登录界面如图 7-26 所示，图中方框标记的位置填写的是当前使用的服务器 IP 地址。

图7-25　App图标

图7-26　软件登录界面

智能新风系统使用到的传感器有两个：一个是 PM2.5 传感器，另一个是二氧化碳传感器。需要强调的一点是：PM2.5 和二氧化碳的浓度值之间是"或"的关系，只要两个值中有一个超过了阈值，都会触发换气扇进行换气。

进入智能新风系统软件界面后，用户可以在客户端内设置 PM2.5 和二氧化碳的阈值，然后打开"室内自动新风系统"开关。

当室内空气中的二氧化碳或 PM2.5 浓度都没有超过阈值时，室内空气指标正常，换气扇不会运转工作，如图 7-27 所示；当室内空气中的二氧化碳浓度超过阈值时，换气扇打开，对室

内进行换气，同理，如果室内空气中的PM2.5浓度超标，换气扇也会打开进行换气，如图7-28所示。

图7-27　指标正常

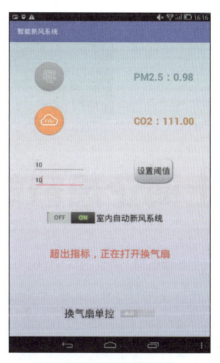

图7-28　换气模式

练　习

1. 以下（　　）是智能家居新风系统的功能。

    A. 提供新鲜空气　　　　　　　B. 减少噪声污染

    C. 耗能　　　　　　　　　　　D. 以上都是

2. 新风系统由哪些部分组成？
3. 智能家居新风系统的优点有哪些？
4. PM2.5 传感器的分类有哪些？

项目八
上海企想智能家居样板操作间系统综合实训

项目描述

通过以上七个项目的学习之后，相信学生已经对智能家居系统的相关知识有了比较全面的了解，并且掌握了硬件单品的安装和配置等。本项目以上海企想智能家居样板操作间为例，讲述在样板间配置过程中需要注意的事项和安装配置步骤等，着重培养学生的动手能力，将硬件安装和软件调试相结合，注意在操作过程中的规范与安全。

相关知识

通过对以上项目的学习，对智能家居各个子系统有了深刻的认识，下面通过综合实训来了解整个智能家居系统，如图 8-1 所示。

图8-1 智能家居系统

首先要对整个系统的通信流程进行学习，整理好思路，方便更好地完成综合实训实验。

项目八 上海企想智能家居样板操作间系统综合实训

项目实施

下面介绍智能家居样板操作间的设备布局图（见图 8-2～图 8-7），综合实验中会用到样板间中的多个模块。

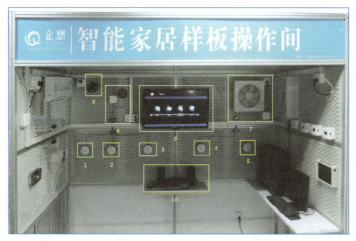

图8-2 智能家居样板操作间

1—燃气探测模块；2—PM2.5 监测模块；3—CO_2 监测模块；4—人体红外探测模块；5—烟雾探测模块；
6—报警灯模块；7—换气扇模块；8—摄像头模块；9—电视架；10—多媒体音箱及 DVD

图8—3 智能家居样板操作间

1—门禁电源；2—门禁模块；3—空调；
4—射灯的双控双开开关

图8—4 智能家居样板操作间

1—气压监测模块；2—温湿度监测模块；3—光照度监测模块；
4—样板间电源箱；5—A8 网关；6—服务器主机

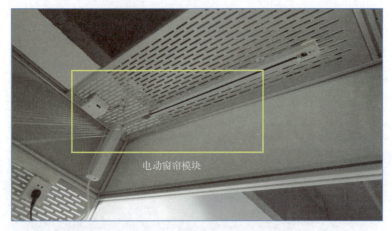

图8-5　智能家居样板操作间（电动窗帘模块）

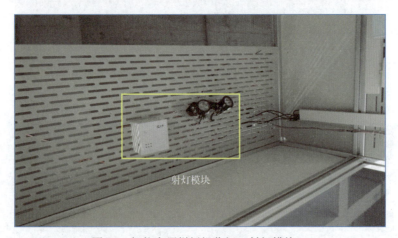

图8-6　智能家居样板操作间（射灯模块）

样板间中的各个模块都熟悉了以后，开始按照步骤来启动设备。

步骤1　样板间电源箱连上电。打开电源箱，推上电闸，等待设备启动完毕。

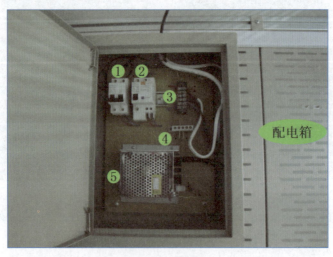

图8-7　配电箱

步骤2　智能网关开机，无线路由器开机，服务器主机开机。

① 以管理员身份打开服务器上的 XAMPP 软件，如图 8-8 和图 8-9 所示，依次开启 Apache 服务、MySQL 服务和 Tomcat 服务。

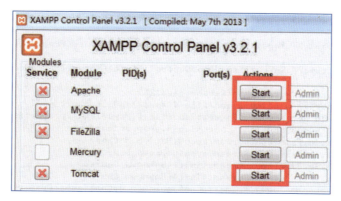

图8-8　XAMPP软件开启服务界面

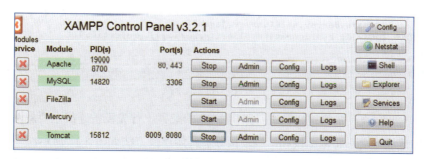

图8-9　XAMPP软件服务开启后的界面

② 在 C:\Program Files (x86)\SmartHomeServer 目录下可以看到如图 8-10 所示的几个文件。

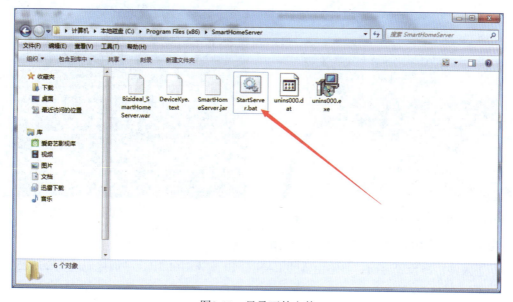

图8-10　目录下的文件

③ 以管理员身份运行 SmartHomeServer，会看到如图 8-11 所示的运行信息，服务器开启完成。

图8-11　开启服务器

步骤 3　需要完成设备的连线，进行路由器 IP 的配置。首先设备连线主要是网关、服务器、路由器之间的连线，之后将电源线和网线连接好；具体连接方法如图 8-12 所示。

步骤 4　将网关的网线插到路由器（网线都插到 LAN 口），将路由器中的一根线连到计算机，如图 8-13 所示。

图8-12　网关、服务器、路由器三者连线图

图8-13　网关路由器接线图

步骤 5　在设备正确连接后，进行路由器的 IP 配置。

① 进入路由器设置界面，将路由器的 LAN 口 IP 改为 10.1.3.1，子网掩码改为 255.255.0.0，如图 8-14 所示。

② 配置 DHCP 服务，如图 8-15 所示。

> 项目八　上海企想智能家居样板操作间系统综合实训

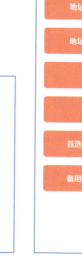

图8-14　LAN口参数设置图　　　　　　　　图8-15　DHCP服务器配置图

③ 将计算机的 IP 地址改为固定的 IP 地址 10.1.3.2，如图 8-16 所示。

步骤 6　路由器 IP 正确配置完毕后，再配置网关 IP 和 MAC 地址。

① 将网关用串口线与计算机相连，用配置工具配置网关，如图 8-17 所示。

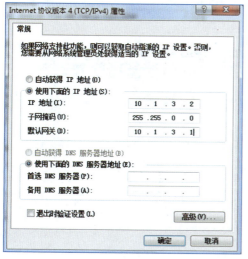

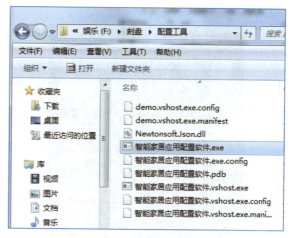

图8-16　计算机固定IP配置图　　　　　　图8-17　智能家居应用配置软件图

② 打开后，先登录，密码是 123456，如图 8-18 所示。

③ 进行配置，如图 8-19 所示，出现配置成功即可使用。

167

图8-18 配置软件登录界面图

图8-19 IP参数配置图

项目实训

实验开始前先安装手机客户端软件，找到综合实验软件并安装，安装完成之后连接上智能家居样板间路由器的 Wi-Fi 信号，连接成功即可进行实验。

客户端软件需要和主机配合使用，所有操作都需要登录到服务器才能实现，App 可以在软件资料文件夹中获得。手机打开企想智能家居综合实验 App，如图 8-20 所示。

客户端软件登录界面如图 8-21 所示，图中方框标记的位置填写的是当前使用的服务器 IP 地址。

图8-20 App图标

图8-21 软件登录界面

项目八　上海企想智能家居样板操作间系统综合实训

输入服务器 IP 地址确认登录，登录成功后出现的软件界面如图 8-22 所示。综合 App 包括了六个子系统，分别是环境监测系统、家电控制系统、安防报警系统、智能新风系统、照明采光系统、火灾预警系统，即综合 App 实际是把智能家居的所有系统都综合在一起，用户能更加简单、快捷地控制家里的智能化系统。

首先来看一下环境检测模块，如图 8-23 所示，点开环境检测系统模块之后出现的界面与环境检测系统 App 是一样的，实验操作和实现的功能都是一样的。

环境检测模块的实验结束后，点击界面右上角的小房子图标返回到主界面，如图 8-23 所示，进行下一个实验。

图8-22　综合App实验

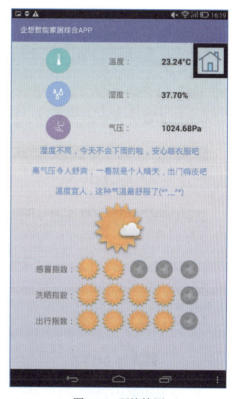
图8-23　环境检测

点开家电控制模块，实验的操作和实现的功能与家电控制系统 App 是一样的，如图 8-24 所示。完成操作后点击右上角的小房子图标返回到主界面。

点开智能新风模块，实验的操作和实现的功能与智能新风系统 App 是一样的，如图 8-25 所示。完成操作后点击右上角的小房子图标返回到主界面。

点开安防报警模块，实验的操作和实现的功能与安防报警系统 App 是一样的，如图 8-26 所示。完成操作后点击右上角小房子图标返回到主界面。

点开照明采光模块，实验的操作和实现的功能与照明采光系统 App 是一样的，如图 8-27 所示。完成操作后点击右上角的小房子图标返回到主界面。

图8-24 家电控制

图8-25 智能新风

图8-26 安防报警

图8-27 照明采光

点开火灾预警模块,实验的操作和实现的功能与火灾预警系统App是一样的,如图8-28所示。完成操作后点击右上角的小房子图标返回到主界面。

> 项目八 上海企想智能家居样板操作间系统综合实训

图8-28 火灾预警

练一练:
练习使用智能家居综合 App。

附录A 项目实训环境介绍

在每一节的项目实施和实训过程中，都需要一个事先搭建好的实训环境，本附录提供了实训环境在搭建过程中的关键步骤和常见问题的解决方案，以保证学生顺利地完成每个项目的实施和实训。

一、JDK 的安装及 Java 环境变量的配置

1. JDK 安装

Windows 7 操作系统用 Administartor 用户登录，如果是 Windows 10 系统最好也是用 Administrator 用户登录。否则会遇到权限问题不能进行文件的修改操作。JDK 环境的安装进入 Oracle 官网，下载最新版 Java JDK，或在百度中搜索关键词 JDK。此处提供的下载地址是：http://www.oracle.com/technetwork/java/javase/downloads/jdk8-downloads-2133151.html。

进入 JDK 的下载页面。选择"Accept License Agreement"，根据自己的操作系统选择相应的 JDK 版本并下载，如图 A-1 所示。

Java SE Development Kit 8u73
You must accept the Oracle Binary Code License Agreement for Java SE to download this software.

◉ Accept License Agreement   ○ Decline License Agreement

Product / File Description	File Size	Download
Linux ARM 32 Hard Float ABI	77.73 MB	jdk-8u73-linux-arm32-vfp-hflt.tar.gz
Linux ARM 64 Hard Float ABI	74.68 MB	jdk-8u73-linux-arm64-vfp-hflt.tar.gz
Linux x86	154.75 MB	jdk-8u73-linux-i586.rpm
Linux x86	174.91 MB	jdk-8u73-linux-i586.tar.gz
Linux x64	152.73 MB	jdk-8u73-linux-x64.rpm
Linux x64	172.91 MB	jdk-8u73-linux-x64.tar.gz
Mac OS X x64	227.25 MB	jdk-8u73-macosx-x64.dmg
Solaris SPARC 64-bit (SVR4 package)	139.7 MB	jdk-8u73-solaris-sparcv9.tar.Z
Solaris SPARC 64-bit	99.08 MB	jdk-8u73-solaris-sparcv9.tar.gz
Solaris x64 (SVR4 package)	140.36 MB	jdk-8u73-solaris-x64.tar.Z
Solaris x64	96.78 MB	jdk-8u73-solaris-x64.tar.gz
Windows x86	181.5 MB	jdk-8u73-windows-i586.exe
Windows x64	186.84 MB	jdk-8u73-windows-x64.exe

图A-1　Java安装网页界面图

> 附录 A　项目实训环境介绍

下载完成后，双击 JDK 安装包 (jdk-8u73-windows-x64.exe)，进入安装向导，如图 A-2 所示。选择 JDK 的安装路径，并单击"下一步"按钮，如图 A-3 所示。

图A-2　JDK安装向导示意图

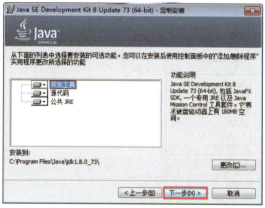

图A-3　JDK安装路径配置图

紧接着选择 Java 虚拟机 JRE 的安装路径，并单击"下一步"按钮。JRE 是运行 Java 程序必须的环境，包含 JVM 及 Java 核心类库，如图 A-4 所示。

单击"关闭"按钮，完成 JDK 的安装，如图 A-5 所示。

图A-4　JRE安装步骤图

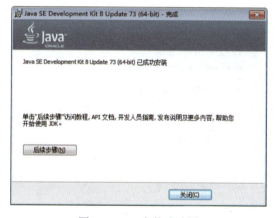

图A-5　Java安装成功图

2．Java 环境变量的配置

进入 JDK 的 bin 目录，（根据自己安装的路径）复制 jdk 目录的路径：C:\Program Files\Java\jdk1.7.0_67，如图 A-6 所示。

返回桌面，右击"计算机"图标，选择"属性"命令，在弹出的对话框中选择"高级"选项卡，单击"环境变量"按钮，如图 A-7 所示。

在弹出的对话框中单击"新建"按钮，在弹出对话框的"变量名"中输入"JAVA_HOME"、在"变量值"中输入刚刚复制的 JDK 的目录地址 C:\Program Files\Java\jdk1.7.0_67，如图 A-8 所示。

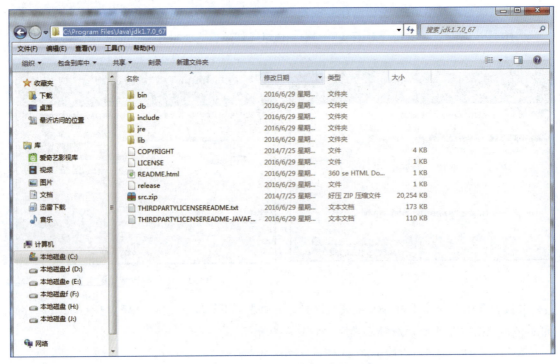

图A-6 JDK目录路径图

图A-7 "高级"选项卡

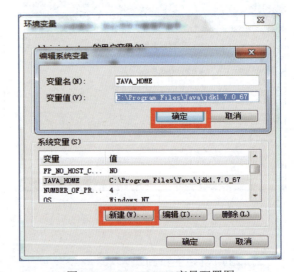

图A-8 JAVA_HOME变量配置图

还需要在系统变量中新建一个CLASSPATH的变量（注意变量值前面有个小点），如图A-9所示。

变量名：CLASSPATH

变量值：.;%JAVA_HOME%\lib;%JAVA_HOME%\lib\tools.jar

前面配置了JAVA_HOME和CLASS_PATH，然后在系统变量中找到Path并单击"编辑"，把鼠标指针移动到最后，如果最后面有个分号，就不用加了；如果最后面没有分号，请加上一个分号（注意不要打成中文的分号），然后输入：%JAVA_HOME%\bin;%JAVA_HOME%\jre\bin，如图 A-10 所示。

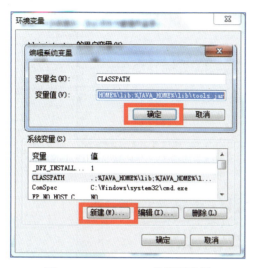

图A-9 CLASSPATH变量配置图　　图A-10 Path变量配置图

所有的环境变量配置完成后单击"确定"按钮完成配置，如图 A-11 所示。

完成以上环境变量的配置后，需要检查 Java 环境变量是否成功安装：

① 按【Win+R】组合键，在弹出的对话框中输入"cmd"，单击"确定"按钮，运行 DOS 窗口，如图 A-12 所示。

图A-11 环境变量编辑完成图　　图A-12 "运行"对话框

② 在窗口中输入命令：java -version（注意，这里用的是 java 命令，这是 Java 的一个编译命令，-version 表示查看版本信息），如果显示出 Java 的版本则 JDK 安装成功，如图 A-13 所示。

③ 再查看 Java 编译器是否配置完成，输入"javac"，如果出现如图 A-14 所示的内容，证明安装配置成功，如图 A-14 所示。

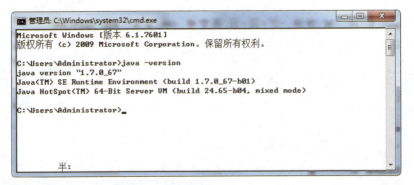

图A-13　Java版本在DOS界面示意图

图A-14　Java安装配置成功的DOS界面示意图

二、MySQL 数据库配置

数据库的默认账户为 root，密码为 bizidealyfdouble，请不要随意更改账户和密码，会导致服务器不能正常使用。

步骤1　右击，以管理员身份运行"XAMPP-Control.exe"，依次单击三个 start 按钮，完成后如图 A-15 所示。

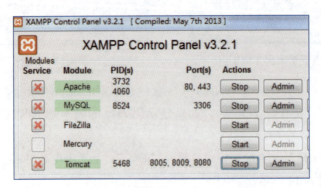

图A-15　XAMPP-Control软件示意图

步骤2　单击MySQL的Admin，弹出数据库网页，如图A-16所示。

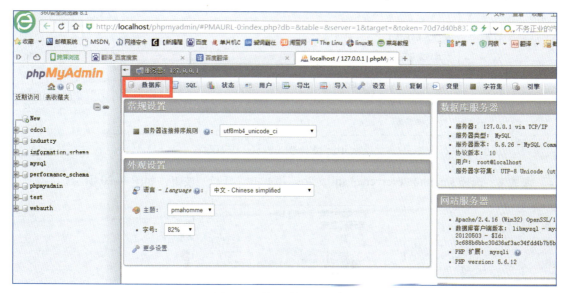

图A-16　数据库网页示意图

步骤3　单击"数据库"按钮，在其中填入smarthomeserversql和utf8_general_ci，单击"创建"按钮，如图A-17所示。

图A-17　新建数据库示意图

步骤4　在左侧列表选中这个数据库，单击"导入"按钮，如图A-18所示。

图A-18　数据库导入示意图

步骤5　单击"选择文件"按钮，如图A-19所示。

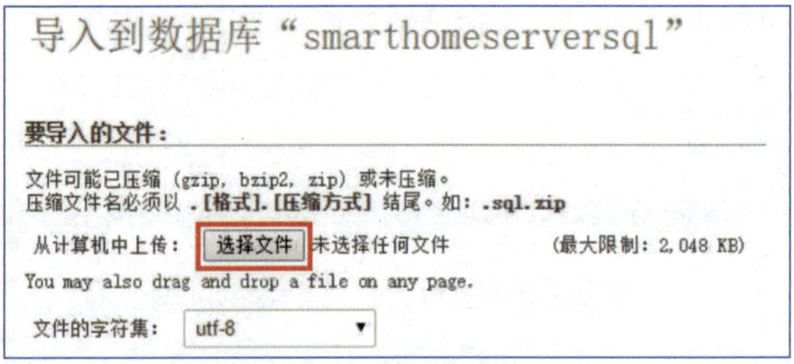

图A-19　文件导入数据库示意图

步骤6　选择smarthomeserversql.sql文件，并单击"打开"按钮，如图A-20所示。

图A-20　smarthomeserversql.sql软件示意图

步骤7　单击最下方的"执行"按钮，如图A-21所示。

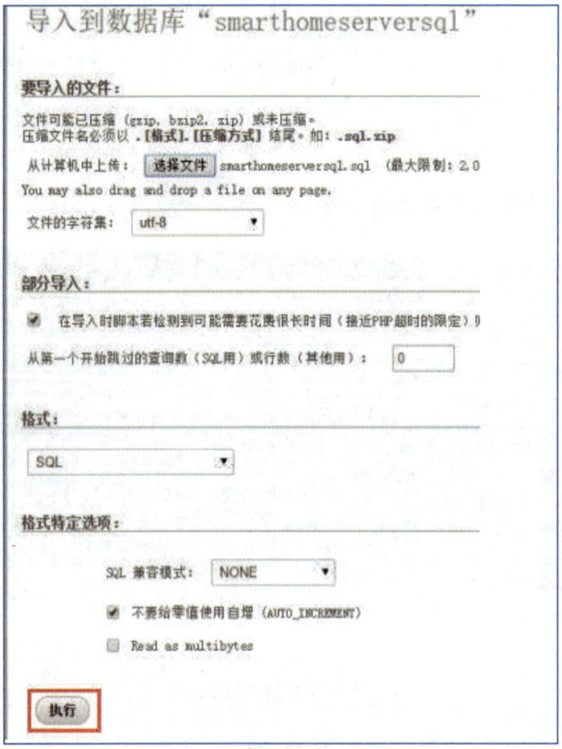

图A-21　数据库导入执行图

步骤8 等待片刻后执行完成，可在左侧列表内看见数据库每个表的内容，如图 A-22 所示。

图A-22 数据库已创建表图

三、Tomcat 配置

在 Tomcat 安装路径的 conf 目录下，找到"server.xml"文件并右击，编辑如下：

```
<Host name="localhost"  appBase="webapps"
                        unpackWARs="true" autoDeploy="true">


<!-- SingleSignOn valve, share authentication between web applications
                     Documentation at: /docs/config/valve.html -->
<!--
<Valve className="org.apache.catalina.authenticator.SingleSignOn" />
            -->


<!-- Access log processes all example.
                     Documentation at: /docs/config/valve.html
                     Note: The pattern used is equivalent to using
                     pattern="common" -->
<Valve className="org.apache.catalina.valves.AccessLogValve" directory="logs"
                     prefix="localhost_access_log" suffix=".txt"
                     pattern="%h %l %u %t &quot;%r&quot; %s %b" />
    <Context path="/bizidealconfig" docBase="C:\Program Files
  (x86)\SmartHomeServer\Bizideal_SmartHomeServer.war" unpackWAR="false"/>
</Host>
```

在 server.xml 文件的 <Host></Host> 结点内添加如下内容：

```
<Context path="/bizidealconfig" docBase="C:\Program Files
(x86)\t\Bizideal_SmartHomeServer.war" unpackWAR="false"/>
```

绿色字的部分 /bizidealconfig 为自定义字符串，访问该网站的 url 地址的名称如下：

http://localhost:8080/bizidealconfig/login.jsp （bizidealconfig 就是在 server.xml 里面设置的 /bizidealconfig）

网站的安装目录的具体位置以实际安装目录为准，例如：

C:\Program Files (x86)\SmartHomeServer\Bizideal_SmartHomeServer.war

文档

练习题答案